我的第一套启蒙百科全书

神奇的食物

于启斋◎编著
梦堡文化◎绘

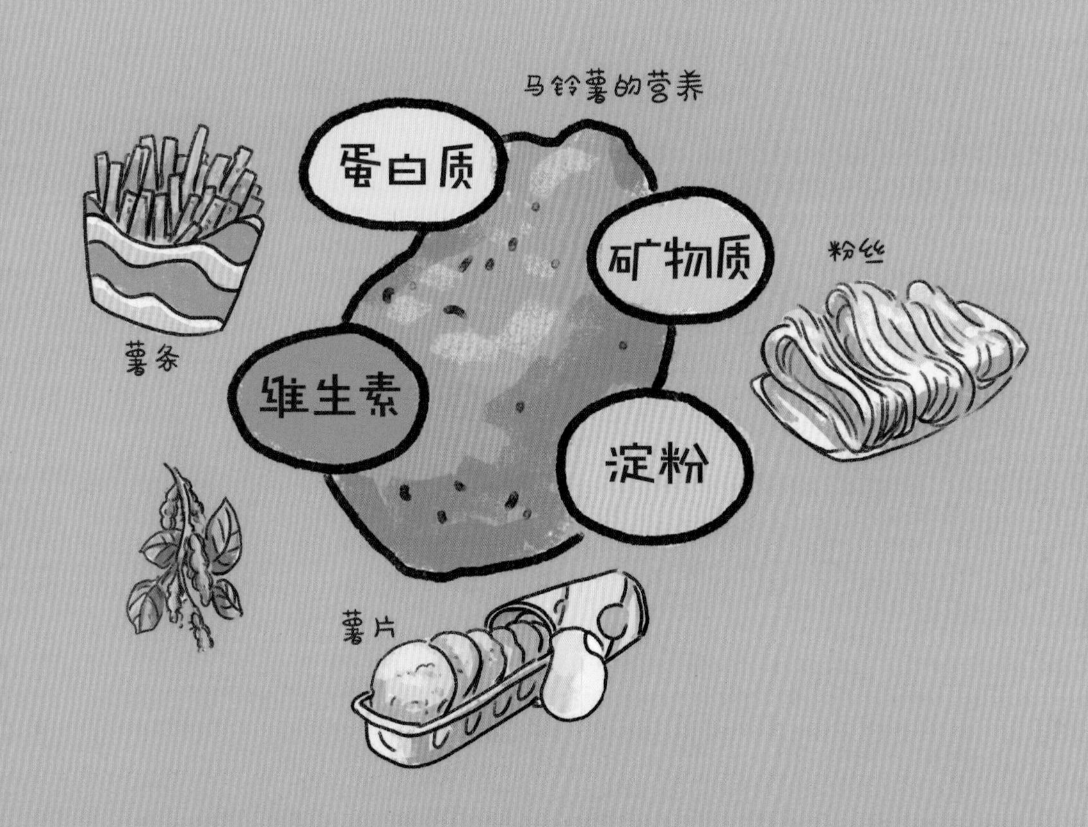

吉林科学技术出版社

图书在版编目（CIP）数据

神奇的食物 / 于启斋编著. -- 长春 : 吉林科学技术出版社, 2023.6

（我的第一套启蒙百科全书）

ISBN 978-7-5578-9184-8

Ⅰ. ①神… Ⅱ. ①于… Ⅲ. ①食品－儿童读物 Ⅳ. ①TS2-49

中国版本图书馆CIP数据核字(2022)第007697号

我的第一套启蒙百科全书

神奇的食物

SHENQI DE SHIWU

编　　著　于启斋
副 主 编　赫雨桐　钱宇琦　高荣林
　　　绘　梦堡文化
出 版 人　宛　霞
责任编辑　金钟女　樊莹莹
封面设计　长春美印图文设计有限公司
制　　版　长春美印图文设计有限公司
幅面尺寸　226 mm×240 mm
开　　本　12
印　　张　5
字　　数　65千字
页　　数　60
印　　数　1-6 000册
版　　次　2023年6月第1版
印　　次　2023年6月第1次印刷

出　　版　吉林科学技术出版社
发　　行　吉林科学技术出版社
地　　址　长春市福祉大路5788号出版集团A座
邮　　编　130118
发行部传真 / 电话　0431-81629529　81629530　81629231
　　　　　　　　　81629532　81629533　81629534
储运部电话　0431-86059116
编辑部电话　0431-81629518
印　　刷　辽宁新华印务有限公司

书　　号　ISBN 978-7-5578-9184-8
定　　价　29.90元

目录

CONTENTS

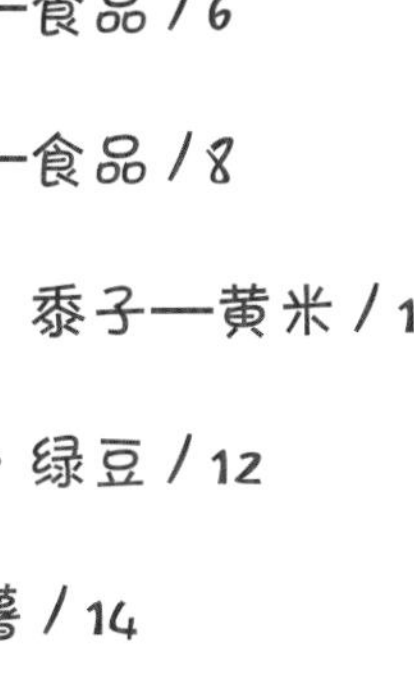

小麦—面粉—食品

小麦起源于亚州西部，是世界主要粮食作物之一。在我国，小麦栽培遍及全国，其中河南省小麦产量全国第一，占全国产量的四分之一。

用小麦磨成的面粉，可以做成各种各样我们爱吃的面食。

播种与收获

在我国北方，每当秋季10月份左右，农民伯伯便开始播种小麦。几天后，小麦开始长出很嫩很嫩的小芽。小麦苗的生命力可强啦，可以安全度过寒冷的冬天。到了第二年春天，麦苗开始返青、拔节、抽穗、开花、灌浆。5月底6月初，小麦从青色变成金黄色后就成熟了。随着收割机的“轰隆隆”声，小麦被收割、脱粒，小麦粒堆积如山。晒干后，小麦就可以入库了。

小麦面粉的营养

雪白的小麦面粉是北方人的主食。它含有丰富的营养物质，如淀粉（碳水化合物）、蛋白质、脂肪、维生素A、钙、铁等成分，还能够保护我们的脾和胃。所以，多吃小麦面粉很不错哟！

加工得到小麦面粉

随着粉碎机的“轰隆隆”声，完好的小麦被机器吞进肚子，随后从不同的出口吐出白花花的面粉和粗糙的麸皮。面粉我们可以食用，麸皮可以作为牲畜的饲料。

面粉可以做成馒头

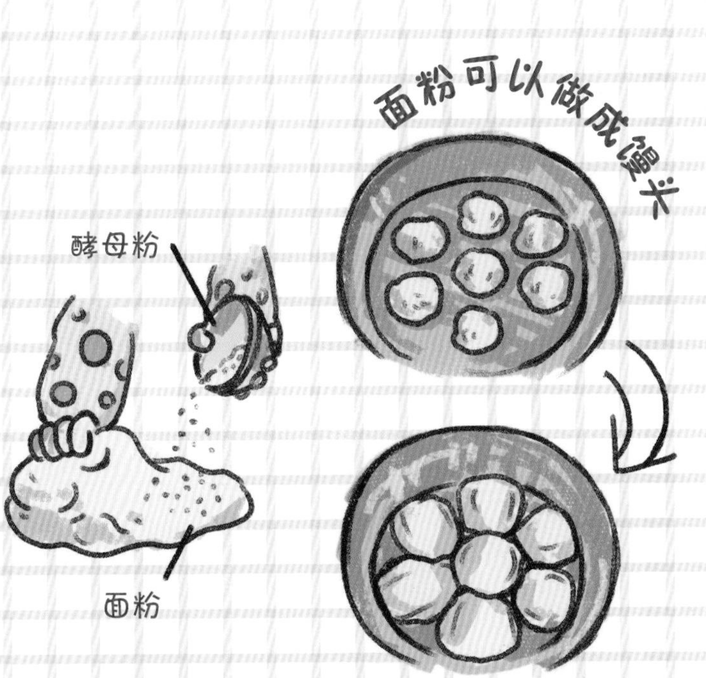

向面粉中加入适量的酵母粉，再加温水揉成面团，放到温暖的地方，这叫发面。等面团膨大，切开后发现内部变成蜂窝状，就可以做各种各样的漂亮馒头了。再让其“开一开”——继续发酵，“开”了之后，就可以放到锅里，隔水蒸 20 ~ 30 分钟就熟了。掰开可以发现馒头松软多孔，看着都会流口水呀！

面条、水饺和包子

小麦面粉可以做成各种式样的面条，如打卤面、牛肉面、炸酱面和拉面等。你吃过吗，感觉味道怎么样呢？

饺子大家都吃过吧？饺子的皮就是用小麦面粉做成的。那个薄皮儿及馅的鲜味，吃后令人难忘！

小麦面粉也可以用来做包子，肉嘟嘟的包子你肯定喜欢吃的！

油条、面包、花样众多的饼、饼干及各种点心

我们吃的油条、面包、花样众多的饼、饼干及各种各样的小点心，都是用小麦面粉做成的。它们色香味俱佳，你是不是流口水了呀？

水稻—大米—食品

水稻原产于中国和印度。它是我国南方人的主要粮食作物，种植面积大。我们经常吃香喷喷的大米饭，你知道大米是怎么来的吗？

看来，插秧是个力气活，种水稻不容易呀！

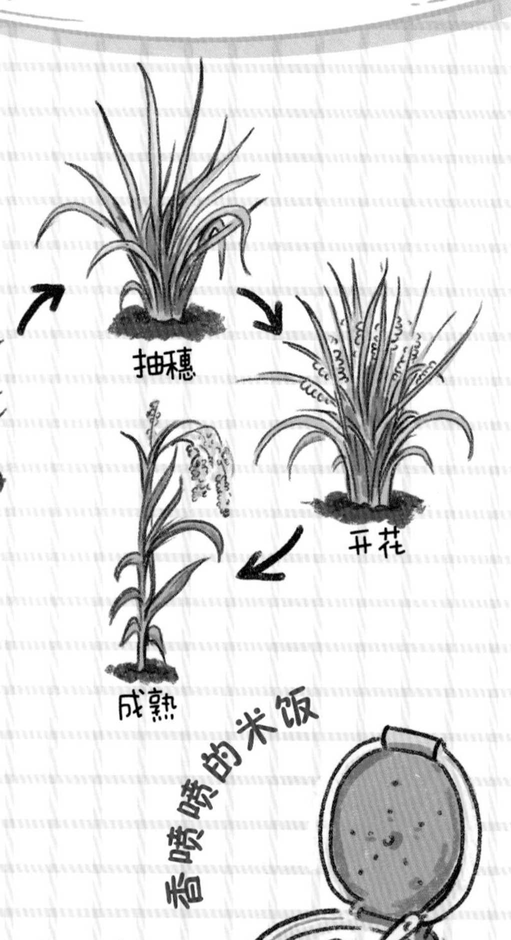

水稻的播种

播种水稻不是件简单的事情。我们看到的绿油油的稻田，其实要经过晒种、选种、整秧板、播种、插秧、缓苗、插秧后管理、施肥、病虫害治理等一系列的过程。这需要农民伯伯付出辛勤的劳动和汗水，正是“谁知盘中餐，粒粒皆辛苦”。所以，我们应该养成节约粮食的好习惯。

将大米淘洗之后，就可以用来煮我们爱吃的米饭了。如果再加上一点儿肉粒，会更加香喷喷，令人难忘！

稻子的果实叫稻谷。稻谷经过砻谷、碾米等加工工序，经过机器加工后，就会吐出白花花的大米，赶紧装袋吧！

啊！好香啊！

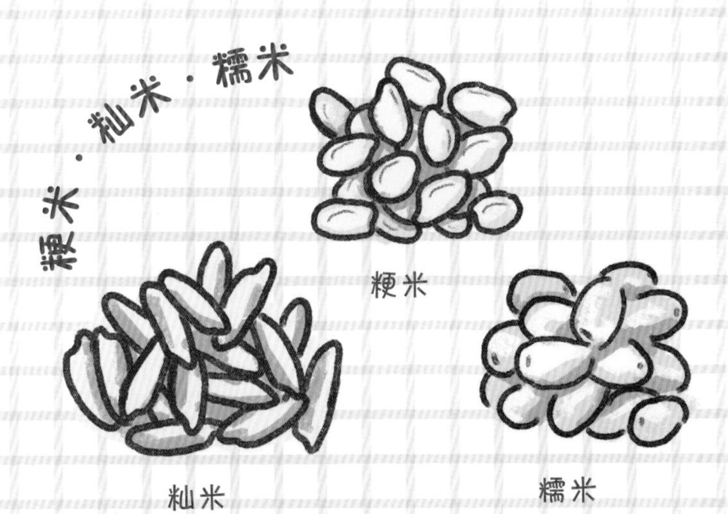

粳米：是粳稻碾出的米，黏性强，是常见的主食。可以早晨熬粥，再配上一些红豆，白里透红，味道好极了。

籼米：是籼稻碾出的米，又称长米。米粒长而细，吸水性强，胀性大，黏性小。可以做成米线、萝卜糕或炒饭。

糯米：是糯稻碾出的米，也叫江米。因口感香糯黏软，常用来制成风味小吃，如年糕、元宵和粽子等。你吃过吗？它们是什么味道呀？糯米还可以用来酿酒呢！

大米还可以加工成的食品

爆米花：以大米为原料，用爆米花机爆出来的爆米花松脆香甜，让人回味无穷，吃了还想吃。

米豆腐：将大米淘洗浸泡后，加水磨成米浆，然后加碱熬制，冷却，形成块状"豆腐"即成。米豆腐可是川、湘、黔、鄂地区著名的地方小吃。你可不要流口水呀！

米粉：中国特色小吃，也是中国南方地区非常流行的美食。你吃过吗，它是什么味道呀？

大米含有很多营养物质。它含淀粉75%左右，蛋白质7%～8%，脂肪1.3%～1.8%，并含有丰富的B族维生素等。大米营养丰富，你喜欢吃吗？

玉米—脱粒—食品

对于玉米，想必大家再熟悉不过了！玉米棒，我们喜欢啃；玉米粥，我们愿意喝；玉米饼子，也很有特色；香甜可口的玉米爆米花，更是我们的最爱……

啊！
我能够分出
玉米的几个
生长期啦！

从播种到成熟

玉米按照播种的季节可以分为春玉米和夏玉米。种子播种之后，7天左右，就会出土萌发，这是出苗期；再经过拔节期、抽穗期，最后到成熟期。尤其是在抽穗期，玉米长到一人多高后，就会开花、授粉，这一步一点儿也不能忽视，否则，就会出现不长粒的现象，农民伯伯就会白忙活啦！

玉米棒子脱粒

玉米成熟之后，就可以收割了。大量玉米收割机“轰隆隆”在收割，金黄色的棒子被直接从玉米秸秆上剥离下来，茎秆被粉碎后可作为肥料。成堆的玉米棒子晒干后用玉米脱粒机脱粒，玉米粒与棒子就会分离开。玉米粒晒干后，需要赶紧入库储藏！

将玉米用粉碎机粉碎后，就会得到玉米面。玉米面可以用来熬玉米粥喝，还可以用来做玉米饼子，再配上鲜鱼吃，非常美味。将玉米粒粉碎成大点儿的颗粒，就是玉米碴子，熬粥也不错！

小麦面粉、细玉米粉可以做发糕。其比例是面粉200克、细玉米面100克。混合面粉中再加入适量的糖、泡打粉（又称发泡粉和发酵粉）、酵母、温水、干红枣。这样做出来的发糕很好吃。只尝尝不过瘾，要大块地吃呀！

还可以制成玉米面包，口感也很好！

嫩玉米棒可以直接煮，烧烤味道更不错。玉米可以制成很多食品，如玉米淀粉、玉米粉条、玉米挂面、糯玉米沙琪玛、青玉米锅贴、玉米薯片、玉米酥糖、玉米年糕、玉米花生薄饼、玉米锅巴、玉米方便面、玉米饴糖等。面对这些诱人的玉米食品，你会忍不住想一下子把它吃个精光！

玉米含有的营养

玉米含有的营养物质比较多。它含有淀粉、蛋白质、脂肪，同时含有丰富的钙、磷、镁、铁、硒、维生素A、维生素B_1、维生素B_2、维生素B_6、维生素E和胡萝卜素等，还富含膳食纤维。对老年人而言，常食玉米油，可降低胆固醇并软化血管。

谷子—小米；黍子—黄米

谷子和黍子原产于我国北方地区。小米和黄米颜色均为淡黄却大小各异，小米粒小，直径约1毫米，黄米比小米稍大。小米、黄米可用于熬粥、做发糕、做米饭和酿酒，营养价值可高呢！

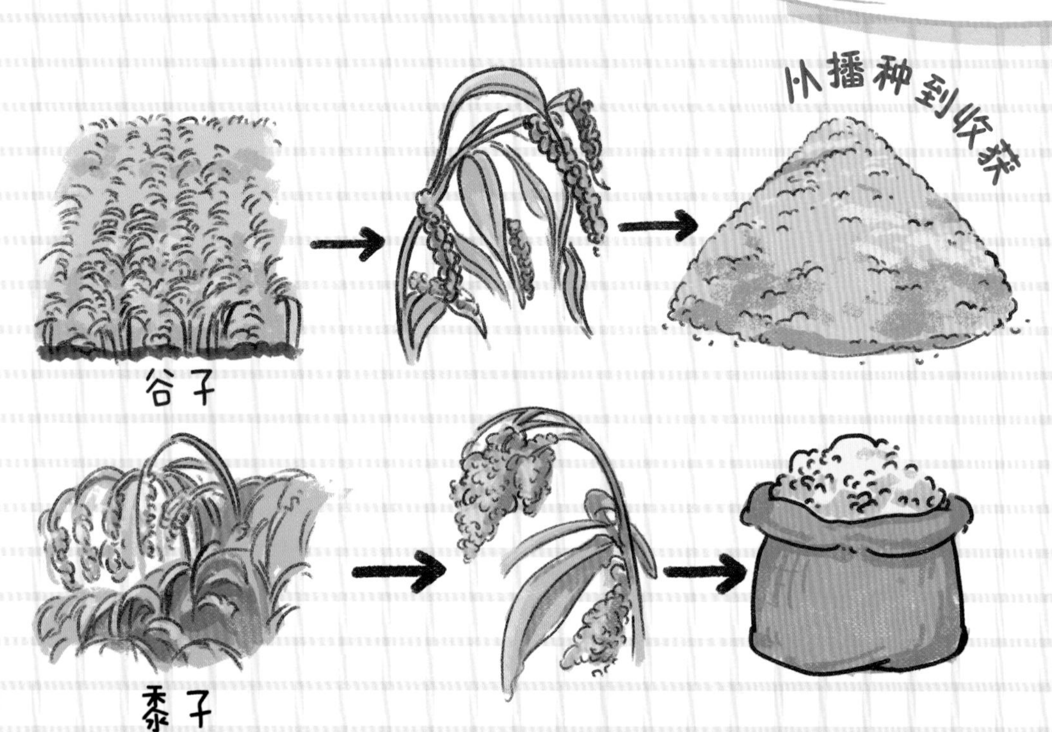

谷子和黍子是一年生草本植物。一般是春季播种，秋季收获。人们常用“谷子笑弯了腰”来形容谷子的丰收景象。成熟后的谷穗是金黄色的。

收获后的谷穗需要用脱粒机脱粒，脱粒后会得到金黄色的谷粒。

嘻嘻，收获的谷子碾成米，是小米；收获的黍子碾成米，是黄米，也有的地方叫大黄米。哦，这个我分清楚了！

黄米的营养

黄米的营养价值高，它的蛋白质、淀粉、脂肪和维生素优于小麦、大米及玉米，但因黏性强，所以不易消化。另外，黄米还可以入药。

小米粥

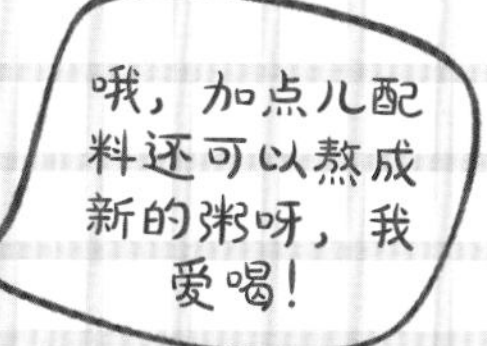

哦，加点儿配料还可以熬成新的粥呀，我爱喝！

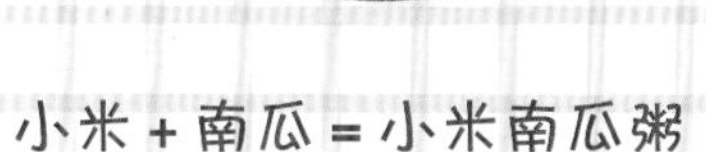
小米＋南瓜＝小米南瓜粥

小米＋红枣＋枸杞子＝小米红枣粥

早晨，有些家庭会用食小米熬粥。把小米淘干净，加上清水，用电饭煲就可轻松熬成粥了。再配合鸡蛋、点心或者小包子，就是一顿很好的早餐。早餐一定要吃好呀！

小米搭上适当的配料，如红枣、绿豆、百合等，就可以熬成营养丰富、回味绵长的粥。

小米可蒸饭、煮粥，磨成粉后可单独或与其他面粉掺和制作饼、窝头、丝糕、发糕等，糯性小米也可酿酒、酿醋、制糖等。

啊，这个小米真厉害！

小米的别样做法

小米锅巴

食物要多样化，我平时也要吃一些小米和黄米啊！

小米的营养

小米含有蛋白质、脂肪、维生素 B_2、烟酸、钙、铁等元素。

小米发糕

小米＋猪肉馅＋土豆＋作料＝小米黄金丸

黄米的食用

黄米除了可以熬粥外，还可以做成很多小吃，口感很好。黍子还可以酿酒，酿成的酒叫“米酒”。

小枣黄米粽子

黄米凉糕

黄豆·黑豆·绿豆

生活中无豆可不行，如黄豆、黑豆、绿豆、红豆、豌豆等都是我们常见的豆类。小朋友，你对豆类植物知道多少呢？

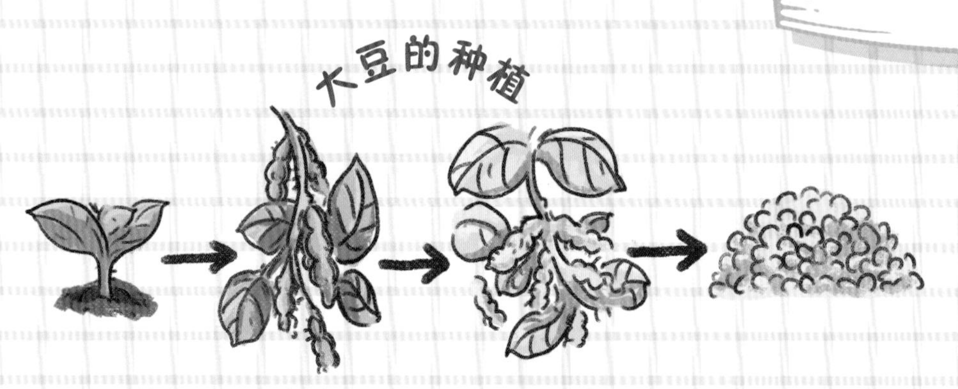

大豆又称黄豆，是一年生草本植物。它可以春播和夏播，茎秆高30 ~ 90厘米，粗壮，直立，密布褐色长硬毛。到了秋天收获大豆。

大豆原产于中国，是中国的重要粮食作物之一，已有约五千年的栽培历史。

黑豆为豆科植物大豆的黑色种子，是一年生草本植物，茎秆高50 ~ 80厘米。一般春季播种，秋天收获。

呵！脱粒机脱粒后得到了黑黝黝的黑豆。

黑豆的种植

有的绿豆豆荚变黑了，要快快动手采摘！

绿豆的种植

绿豆为一年生直立草本植物，茎秆高20 ~ 60厘米，茎上长褐色硬毛。

绿豆不会一次性成熟，要分批采摘，也就是说，成熟一批，采摘一批。否则豆荚会爆裂，使豆粒掉落在地上。

大豆食品及其营养

我要每天喝一杯豆浆啊！

豆腐　　豆浆　　大豆油

大豆食品，指采用大豆为原料加工而成的食品。如大豆可以做豆腐、豆腐脑等，还可以酿造酱油。大豆食品丰富多样，味美价廉。

大豆营养价值极高，含有丰富的蛋白质、脂肪、维生素 B_1、维生素 B_2 以及烟酸等。

黑豆食品及其营养

“黑豆食品热”正在国内外兴起。黑豆可以做腐竹、饼糕、豆浆粉等。

黑豆的蛋白质含量为36%，易于消化；脂肪含量为16%，主要含不饱和脂肪酸，吸收率高达95%，有降低血液中胆固醇的作用。黑豆还含有丰富的维生素、黑色素及卵磷脂等物质。黑豆具有活血利水、滋补强身、消炎解毒、乌发明目等功效。

黑豆腐竹

黑豆沙月饼

黑豆豆浆粉

妈妈，我的头发有点儿白，喝点儿黑豆汁染一染？

绿豆糕

绿豆粉丝

绿豆食品及其营养

我好喜欢绿绿的绿豆食品哪！

绿豆芽　　绿豆沙冰

绿豆可以熬绿豆汤，制作绿豆糕、绿豆粉条，也可以跟其他面粉混合成杂面。

绿豆含有蛋白质、脂肪、碳水化合物和维生素 B_1、维生素 B_2、胡萝卜素、叶酸以及矿物质。

马铃薯·番薯

马铃薯又叫土豆、地蛋、洋芋等。马铃薯是一年生草本植物，它的人工栽培历史很悠久，既可当饭，又可当菜，深受人们的喜欢。

番薯又名红薯、山芋、红芋、甘薯，我国北方人叫它地瓜。因为软甜可口，很受人们的欢迎。

好大的马铃薯，开始收获了！

马铃薯的种植

我国是世界上马铃薯产量最大的国家。春天，将马铃薯带芽的块茎种入地下，后期长出秧苗。马铃薯秧苗分地上部分和地下部分。到成熟期后，刨出地下部分即可收获。

番薯收获了！我要烤着吃，好过瘾！

番薯的种植

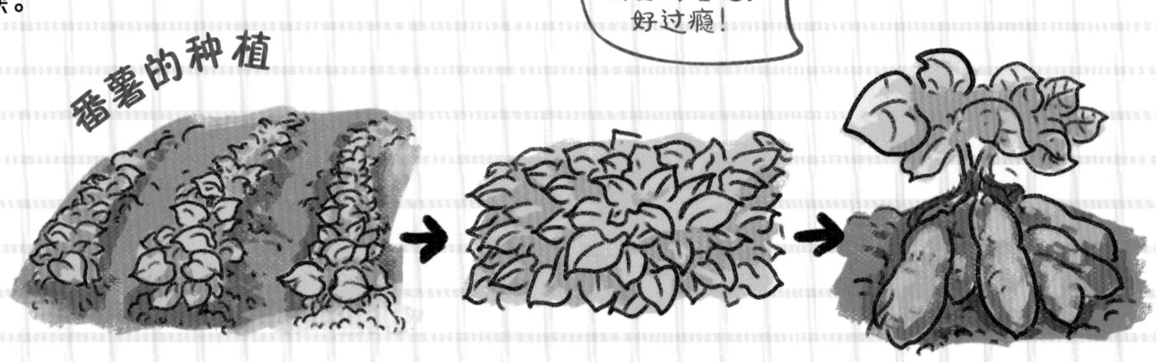

番薯一般是育苗种植。把精选番薯放入沙中，在温暖、湿润的条件下就会发芽，待长成20厘米左右高的秧苗就可拔出来栽到事先打起的垄上，浇水，盖好泥土。到了秋季刨出地下部分就可以收获。

呵！这么多的马铃薯食品都是我的最爱！

马铃薯食品

马铃薯有很多种吃法，也被制成很多食品，如马铃薯可以煮着吃，可以炒着吃等，可以做成马铃薯面条、薯条、油炸马铃薯片、烤马铃薯片、马铃薯酥糖片、马铃薯仿虾片等，还可以制作马铃薯淀粉。

马铃薯薯片

马铃薯薯条

马铃薯粉丝

马铃薯的营养

蛋白质

矿物质

维生素

淀粉

马铃薯含有大量淀粉，蛋白质营养价值高，含有多种维生素和矿物质，水分多、脂肪少、维生素丰富。

番薯的营养

呵！番薯竟有这么多的好处，我要多吃番薯，别跟我抢！

淀粉

蛋白质

果胶

维生素

纤维素

番薯富含蛋白质、淀粉、果胶、纤维素、氨基酸、维生素及多种矿物质，有“长寿食品”之誉。其含糖量为 15% ~ 20%。番薯有抗癌、保护心脏、预防肺气肿和糖尿病以及减肥等功效。

番薯的吃法比较多，煮着吃、烤着吃、熬番薯粥、做面条等，可以烤番薯干，还可以做番薯淀粉、酿酒等。

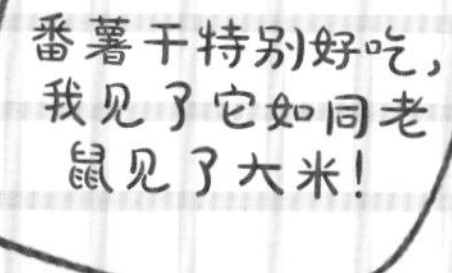

番薯干特别好吃，我见了它如同老鼠见了大米！

番薯饺子

番薯干

番薯食品

番薯粥

番薯饼

花生·芝麻·油菜

花生，大家一定都熟悉吧！不少人喜欢吃炒花生、煮花生，做菜喜欢用花生油。

芝麻，大家应该吃得不少，很多点心等食物上都加有数量不等的芝麻。我们吃的芝麻油，就是用芝麻榨取的。

油菜，一般是用来榨油的。市场上销售的菜籽油，就是用油菜种子榨取的。

哦，原来花生是这样来的！以前我还以为它是树上结的果呢！

花生的种植

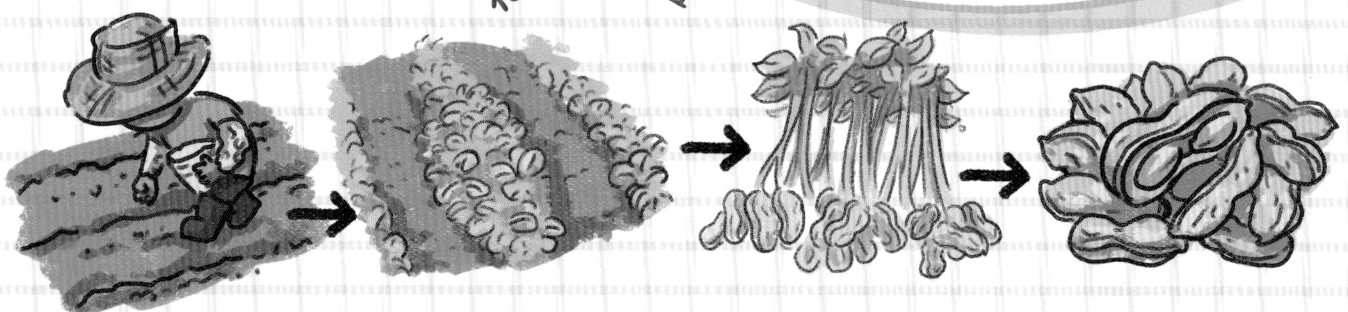

花生的人工种植　　花生苗　　花生的收获　　花生果和花生米

我国北方的一些地区种植花生的时间在每年的四月中旬到五一前后。当花生出苗后，随着不断生长，就会开花，在花落以后，花茎钻入泥土而结果，所以人们又管它叫“落花生”。

芝麻的种植

芝麻开花节节高！我要向它学习！

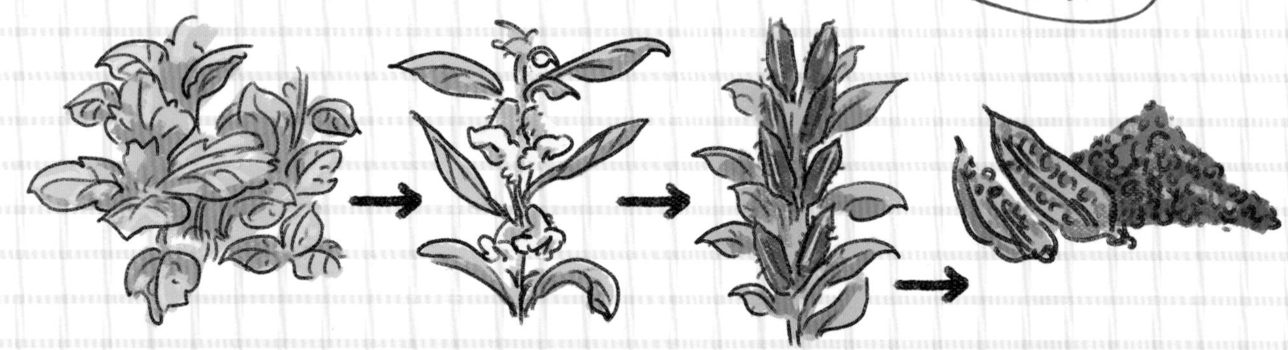

芝麻喜欢温暖、湿润的环境，可在春、夏、秋三季种植。种植后不久，芝麻种子就会萌发，不断长大、开花、结果。当它的果实由青绿色变为黄色时就可以收获了。芝麻会开花并不断增高，这就是“芝麻开花节节高”的由来。

油菜的种植

我国油菜的栽培历史十分悠久，油菜籽在最低 5℃左右的温度中就可以萌发。小苗出土后是绿色的，不断生长，待开出黄色的花，不久便会结出长长的果实。

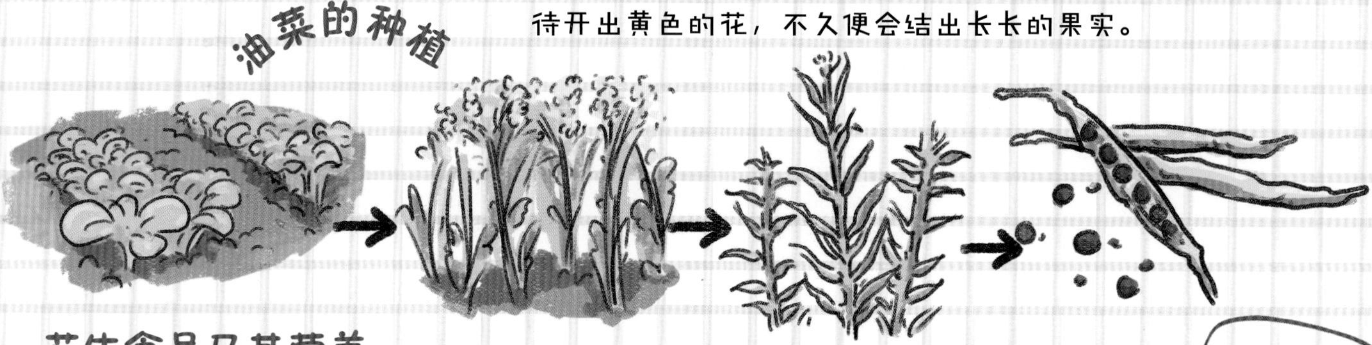

花生食品及其营养

花生可以煮着吃，炒着吃，还可以炸着吃，做花生酱，做饼馅和花生奶等。更重要的是它可以用来榨油。

花生米含有蛋白质、脂肪、碳水化合物、维生素 A、维生素 B_6、维生素 E、维生素 K，以及钙、磷、铁等多种营养成分。花生有促进人的脑细胞发育、增强记忆力的作用。民间称之为“长生果”，和黄豆一起被誉为“植物肉”“素中之荤”。

香酥花生

花生酱

花生芝麻酥

芝麻食品及其营养

芝麻可以直接吃，也可以磨粉吃，还可以和其他食物一起烹饪食用。

芝麻含有大量的不饱和脂肪酸，其中油酸在 45% 左右，亚油酸在 40% 左右；含有较多的维生素 E，对人体的健康有促进用。

芝麻球　　芝麻糊　　芝麻饼

油菜食品及其营养

“春吃油菜薹，夏收油菜籽。”春季油菜薹嫩时，可以炒着吃，如虾皮炒油菜、油菜炒肉等。夏季用油菜籽榨油，人们管它叫菜籽油。

油菜含有大量胡萝卜素和维生素 C，有助于增强机体免疫力。一个成年人一天吃 500 克油菜，其所含钙、铁、维生素 A 和维生素 C 即可满足生理需求。菜籽油含油酸、亚油酸、亚麻酸、维生素 E 等，人体容易吸收，营养价值高。

白菜·菠菜

白菜是我国北方人秋冬季及初春的必备菜，因为营养丰富、口感佳，深得人们的喜爱。

绿油油的菠菜遍布世界各地，是人们餐桌上最家常的蔬菜之一。

白菜长得可真粗啊！

白菜的种植

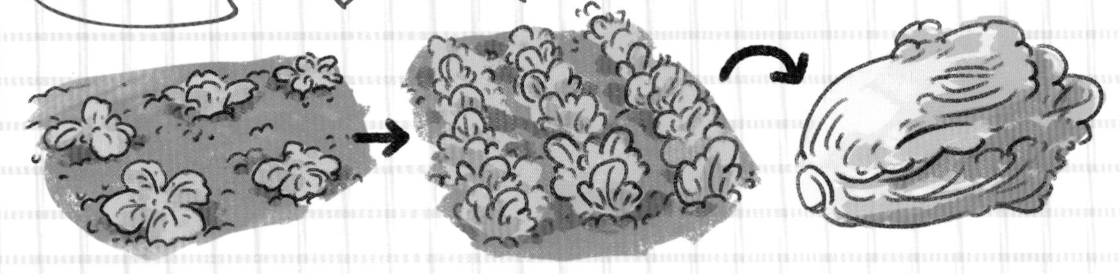

我国北方一般是在立秋后几天栽培白菜秧苗。将秧苗移植后，生长速度加快，不久开始卷芯，增粗变厚，叶子一层一层地紧紧包裹起来。到了小雪节气时，就可以收菜保存了。

哦，绿油油的菠菜很养眼！

菠菜的种植

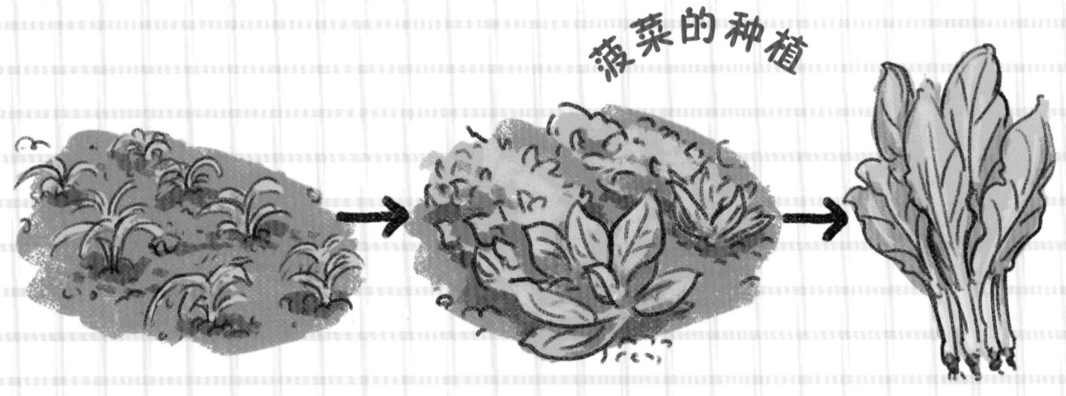

菠菜，一年四季都可播种，其中春秋季节播种成活率较高。菠菜可以在地里过冬，第二年春天开花、结种子。

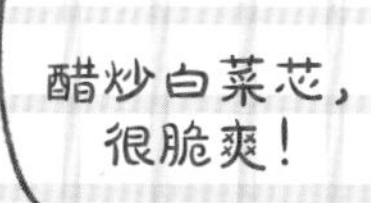

白菜食品

　　白菜可以用来炒菜，也可以用来腌咸菜、酸菜等，还可以做饺子馅、包子馅、馄饨馅等。

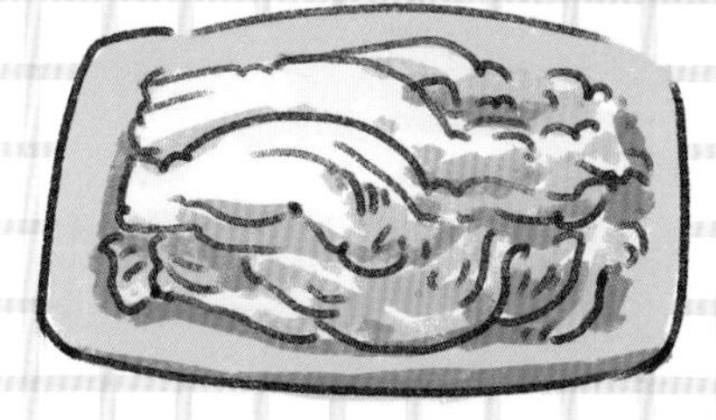

白菜营养高，
我要多吃白菜！

白菜的营养

钙

维生素C

磷

铁

B族维生素

菠菜的营养

绿油油的菠
菜人人爱。

　　菠菜营养价值高，含有维生素C、维生素E、叶绿素、叶酸、胡萝卜素、少量植物蛋白质，以及铁、钙、磷、钾等矿物质。

　　白菜中含有B族维生素、维生素C、钙、铁、磷，其微量元素锌的含量也是非常高的。

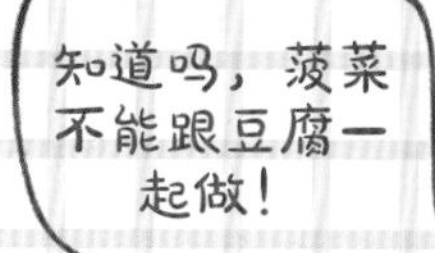

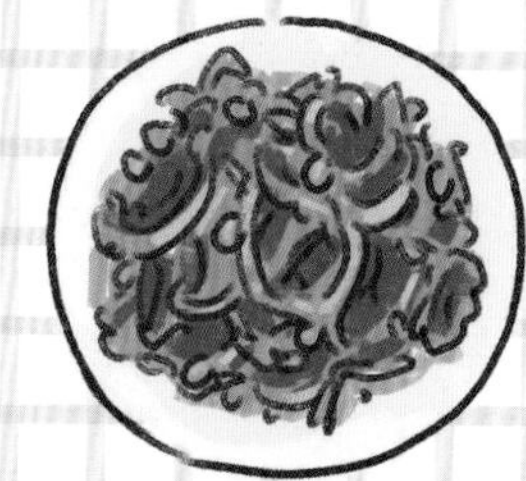

老醋菠菜

菠菜食品

　　菠菜主要可以加工成菜肴，如蒜拌菠菜、肉炒菠菜、腐竹菠菜、肉炖菠菜汤等。

蚝油菠菜

麻酱菠菜

韭菜·辣椒

韭菜，又叫起阳草、长生韭、扁菜等，是生活中常见的蔬菜之一，深受人们的欢迎。

辣椒，在家庭蔬菜中很常见。在我国南方，大多数菜品中都有辣椒的影子，辣椒深受南方人的喜爱。

韭菜是多年生草本植物，叶子扁而长。用种子或韭菜根繁殖，且很容易成活。每隔30天左右可以收割一次。夏天开花、结种子。

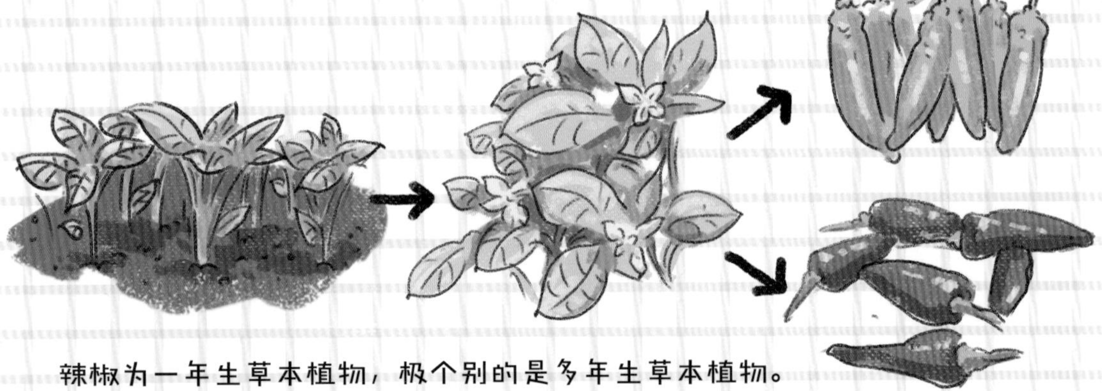

辣椒的种植
辣椒——餐桌上的调味品，我爱你！

辣椒为一年生草本植物，极个别的是多年生草本植物。一般以种子繁殖，将种子催芽，长大后，再移栽到农田里，或空闲的小地方，就可以生长起来。长到一定程度，就会开花、结果。初期，果实是绿色的，随着果实成熟，有的逐渐变为鲜红色或紫色，而红色最为常见。

韭菜炒鸡蛋

韭菜食品

韭菜主要是以和其他食材搭配的形式出现在餐桌上。如韭菜炒鸡蛋、墨鱼炒韭菜、花蛤炒韭菜、韭菜馅饺子等。

韭菜饺子

烤韭菜

韭菜的营养

韭菜营养好高，我要多吃呀！

维生素A
维生素C
磷
脂肪
钙
蛋白质
铁

韭菜富含维生素A、维生素C，还含有蛋白质、脂肪、钙、磷、铁、纤维素以及挥发油等。韭菜还具有调味、杀菌的功效。

辣椒的营养

每餐没有肉可以，但没有辣椒可不行！

钙
维生素C
铁
胡萝卜素

辣椒因果皮含有辣椒素而有辣味，能增进食欲。它含有的胡萝卜素以及钙、铁等营养素比较多，维生素C的含量更是在蔬菜中居第一位。

添加辣椒的菜，我爱吃！

辣椒食品

辣椒分不辣的和辣的两类，不辣的一般用来炒菜，辣的一般用来调味。常见成品有辣椒酱、辣椒油等。

萝卜·胡萝卜

萝卜是二年或一年生草本植物，植株高20～100厘米，直根肉质；主要可食用部位有长圆形、球形或圆锥形之分，外皮有绿色、白色和红色三种颜色。它是我国主要的蔬菜品种之一。

胡萝卜是二年生草本植物，植株高15～120厘米；主要可食用部位为长圆锥形，粗肥，呈红色或黄色。它也是常备蔬菜之一。

你喜欢哪种颜色的萝卜呀？

萝卜的种植

我国北方在每年的8月中旬开始播种萝卜。将萝卜种子直接种在事先整理好的土壤里，几天后种子萌发，后期做好浇水、施肥的工作，到立冬就可拔出来食用或储藏。

胡萝卜的种植

哦，原来胡萝卜是这样来的呀！

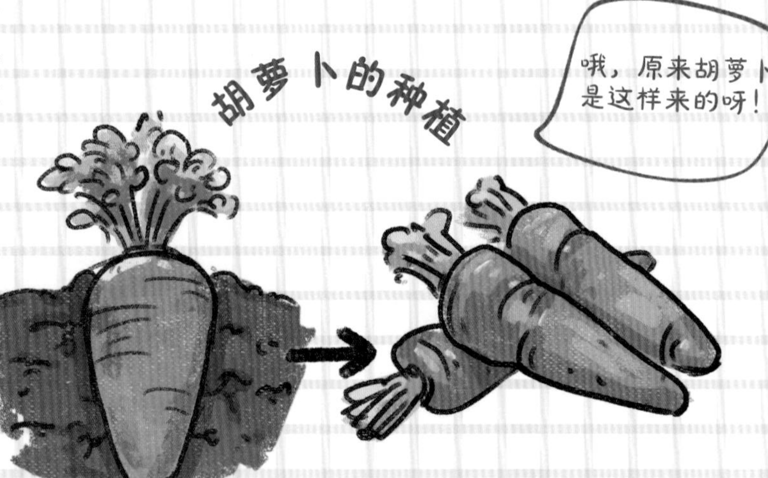

胡萝卜的种植分为春季种植和秋季种植。在潮湿的土壤中挖2厘米深的沟，撒上种子，覆盖上一层薄土。胡萝卜发芽后，需要间苗，否则植株太密胡萝卜长不大。两到三个月后胡萝卜就可收获。

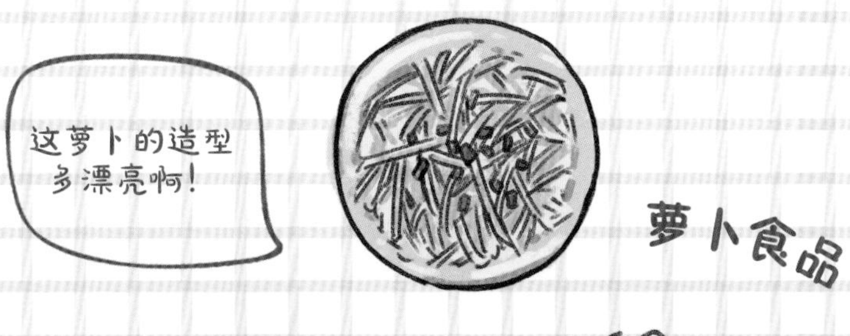

萝卜食品

萝卜作为家常菜，经常上餐桌，可以炒萝卜丝，凉拌萝卜，腌萝卜，做饺子馅、包子馅等，还可以经过加工制成脱水萝卜干。

粗纤维

芥子油

淀粉酶

萝卜的营养

萝卜堪称“小人参”，含有丰富的碳水化合物和维生素A、维生素C以及钙、磷、铁和叶酸等。其中，其维生素C的含量比一些水果的还多。它含有大量的植物蛋白。

白萝卜含芥子油、淀粉酶和粗纤维，具有促进消化、增强食欲、加快胃肠蠕动和止咳化痰的作用。

铁

磷

叶酸

碳水化合物

维生素

钙

青皮萝卜是我的最爱！

胡萝卜含有碳水化合物、脂肪、挥发油、胡萝卜素、维生素A、维生素B_1、维生素B_2、花青素、钙、铁等人体所需的营养成分。其中胡萝卜素可以转变成维生素A，能预防夜盲症。

胡萝卜食品
胡萝卜蜂蜜蛋
糕真好吃，我
还想吃！

胡萝卜可以做成很多美味菜肴和食品，如炒胡萝卜、凉拌胡萝卜丝、胡萝卜炖牛肉、土豆胡萝卜炖排骨、胡萝卜鸡蛋饼、胡萝卜饺子、胡萝卜蜂蜜蛋糕、胡萝卜核桃蛋糕等。

竹笋·莴笋

竹笋也叫笋，是竹子的幼芽。烹调时无论是凉拌、煎炒还是熬汤，都鲜嫩清香，是人们喜欢的佳肴之一。

莴笋也叫莴苣、千金菜、笋菜等。莴笋主要食用其肉质嫩茎，炒食清香脆嫩。

竹笋的采挖

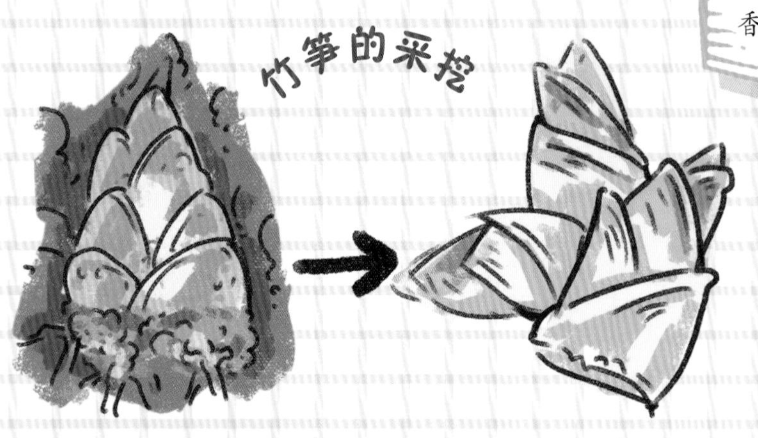

哈哈，人类采挖晚啦，我已经长成竹子了！

竹子是多年生植物。地下的根是根状茎，可以发芽长成竹笋，在立冬前采挖的叫冬笋，在春季采挖的叫春笋。如果春季采挖晚了，那就不要采摘了，因为它早已长成竹子了。

莴笋的种植

哈哈，莴笋长得有点儿像南方的风景树！

莴笋属一年生或二年生草本植物。我国长江流域一般每年 9 ~ 10 月播种，长到 40 ~ 50 天，莴笋苗有 5 ~ 6 片真叶时，可以定苗。待第二年春天返青后长出叶丛，到 4 ~ 5 月时收获，莴笋会比较高产。

竹笋食品，
我的最爱！

竹笋食品

竹笋几乎可以适用各种做法，如炒、烧、拌、炝等，也可做配料或馅，既可以鲜食，也可以加工成干制品或罐头。

烹调时无论是凉拌、煎炒还是熬汤，都鲜嫩清香，十分可口。它可做成猪蹄炒春笋、竹笋香菇炒肉、鲫鱼春笋汤、鸡味春笋条、春笋鱼片等。

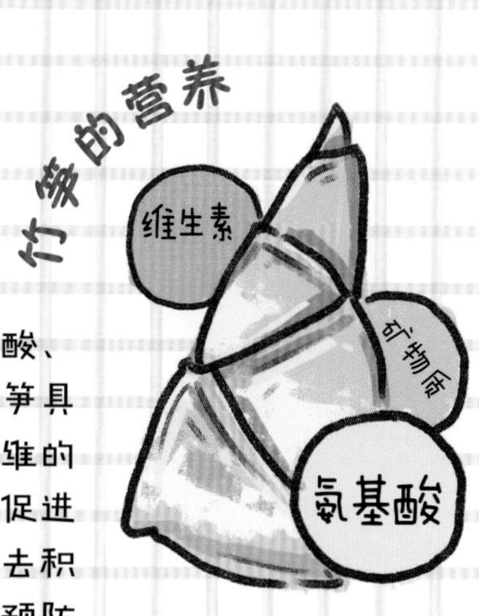

竹笋富含多种氨基酸、维生素、矿物质等。竹笋具有低脂肪、低糖、多纤维的特点，食用竹笋不仅能促进肠道蠕动，帮助消化，去积食，防便秘，而且还有预防大肠癌的功效。

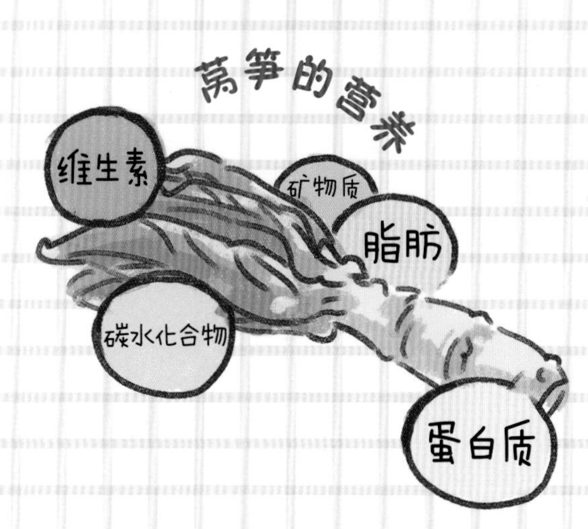

莴笋营养比较丰富，含有蛋白质、脂肪、碳水化合物、多种维生素和矿物质，如磷、钙等。

莴笋具有镇静的作用，经常食用有助于消除紧张、调节睡眠、改善消化系统功能，还能促进食欲。

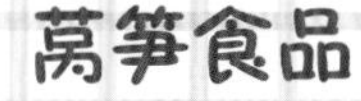

莴笋主要食用地上茎部。嫩茎翠绿，成熟后转为白绿色。削皮后肉质脆嫩，可生食、凉拌、炒食、干制或腌渍等，嫩叶也可食用。

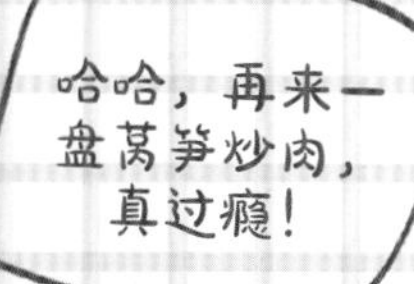

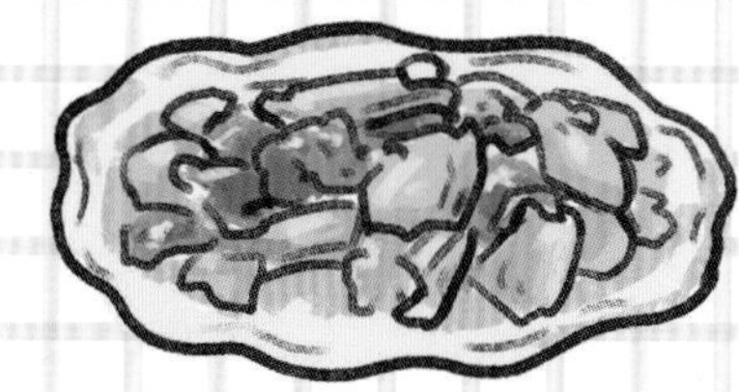

芸豆·豇豆·扁豆

芸豆又叫菜豆、二季豆或四季豆，是一年生草本植物，常食用其嫩荚。

豇豆又叫长豆角、带豆、裙带豆，是一年生草本植物，是夏秋季的主要蔬菜之一。

扁豆又叫眉豆、小刀豆等，是一年生草本植物，种类比较多，是我国北方秋季常见的蔬菜之一。

我很喜欢吃芸豆！

芸豆的种植

在我国北方，芸豆可分为春季和秋季种植，在豆荚鲜嫩时摘下，即种子还没有成熟前摘下食用。

豇豆的种植

哦，饭豇豆不能当蔬菜吃！

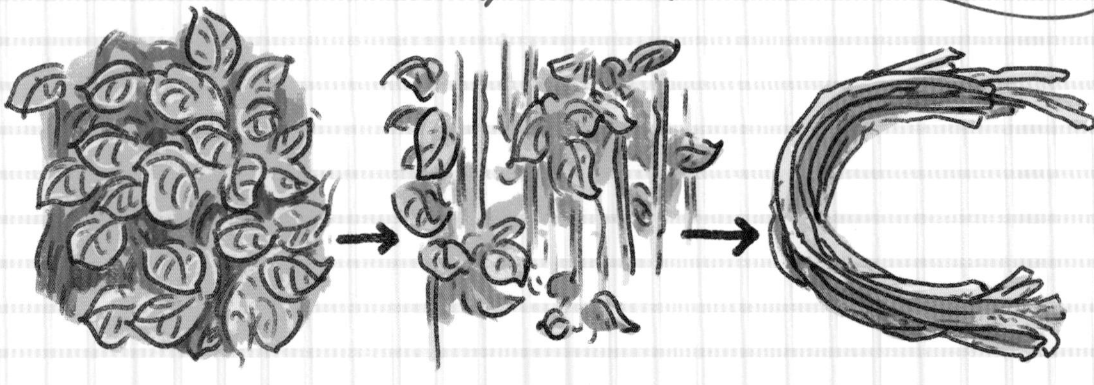

豇豆有长豇豆和饭豇豆之分。我国北方种植长豇豆时往往在春季播种，夏季或秋季就可以采摘嫩的豆角食用。而饭豇豆豆荚直立或展开，长 8 ~ 12 厘米，壁多纤维，不能食用，只能成熟时吃种子。

扁豆的种植

扁豆有紫扁豆、青扁豆、红扁豆、白扁豆等多个品种。一般在春季种植，秋季收获。在我国北方越接近霜降，其结果越多。

芸豆食品及其营养

芸豆有很多吃法，炒、炖、腌等都可以，干煸芸豆、茄子芸豆、芸豆炖马铃薯等都是常见做法，还可以做成甜豆子、咸豆子、芸豆饭等。

芸豆含有丰富的蛋白质、脂肪、碳水化合物、膳食纤维、维生素A、萝卜素、维生素B_2、烟酸、维生素C、维生素E、钙、磷、钠等成分。蛋白质含量比较高，钙含量也十分丰富。众多食物中，芸豆可谓是补钙冠军。

干煸芸豆

芸豆饭

肉片芸豆

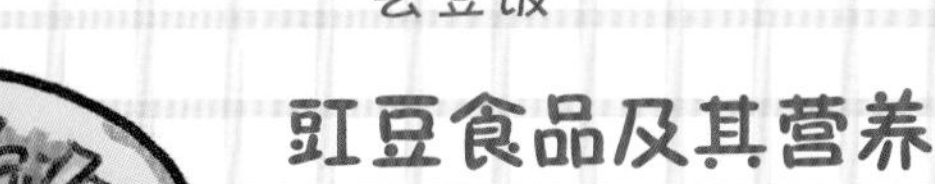

豇豆食品及其营养

豇豆有很多吃法，可以做豇豆炒肉、姜汁豇豆、蒜拌豇豆、素炒豇豆等。

豇豆含有很多营养物质，如蛋白质、脂肪、脂肪酸、碳水化合物、不溶性膳食纤维、多种矿物质等。

蒜拌豇豆

素炒豇豆

扁豆食品及其营养

扁豆也有很多吃法，如焖扁豆、清炒扁豆、素炒扁豆、酱爆扁豆、扁豆炒肉等。

扁豆含有蛋白质、脂肪、碳水化合物、膳食纤维、维生素A、维生素B_1、维生素B_2、钙、磷、锌等成分，能为人体补充所需要的营养物质，增强人体体质，提高机体免疫力。

清炒扁豆

扁豆炒肉

酱爆扁豆

姜·葱·蒜

姜、葱、蒜，想必一提起这三种食材，大家都是比较了解的。它们都是调味品，为蔬菜的加工调味起助力作用。

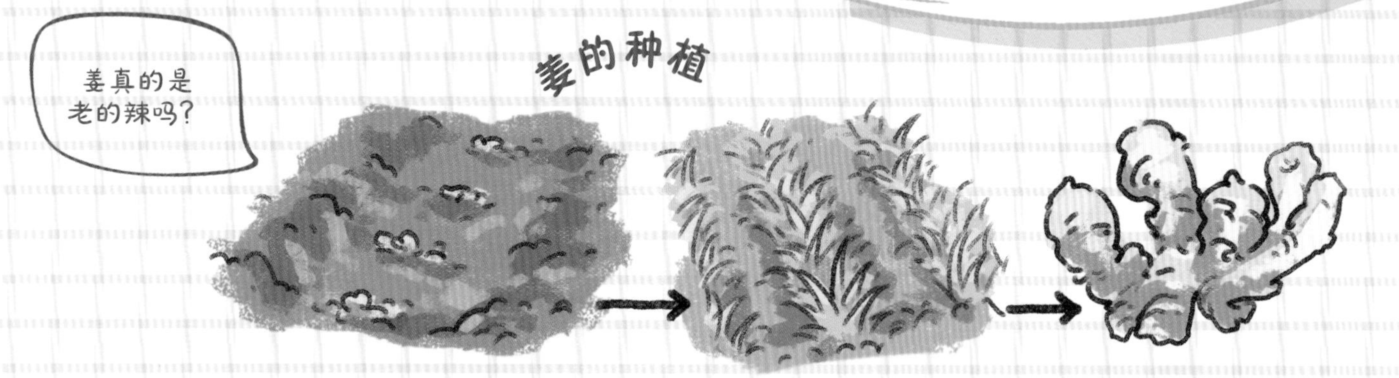

姜不用种子繁殖，而用姜块进行繁殖。一般是在春季播种，初霜前收获。姜进入旺盛生长期后，会从姜母长出若干个子姜，不断长大，这跟芋头的生长很类似。

葱的种植

看到了葱，我就想起了歇后语“小葱拌豆腐——一清二白”！

在我国北方，秋季种植大葱。农民伯伯先将地整理好，浇水后，撒上种子，盖上薄薄的一层土，几天后，种子就会萌发出小苗。葱苗不断生长，并度过冬天。第二年春季便可移栽。到霜降之前，可以收获，也可以保留，来年长“芽葱”，开花，结种子。

呀，蒜竟这样辣！

我国北方，在秋季刨完花生后就可以栽蒜了。挖一个浅沟，将蒜瓣种入，覆土，十几天后，蒜就可以萌发。过冬，第二年春季起会加速生长，抽薹，到麦收前后即可收获。

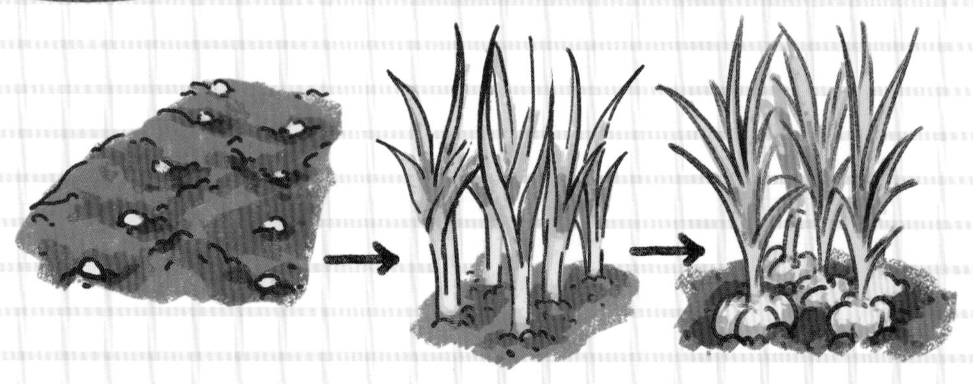

姜片糖可
是我的最爱！
明姜片
姜制品及其营养
姜山楂蜜
姜糖

姜是主要的调味品，一般做菜时，都会加上姜片或姜丝来调味。它还可以做成姜片糖、姜糕、冻姜、香芒姜、姜汁饼干、豆酱姜、姜糖等。

姜的营养成分跟葱相似，含有蛋白质、碳水化合物、维生素等物质，并具有抗菌作用，其抗菌作用不亚于葱和蒜。姜含有较多的挥发油，可以抑制人体对胆固醇的吸收，防止血清胆固醇的蓄积。

葱制品及其营养

葱一般作为作料起调味作用，还可以当蔬菜吃。小嫩葱做馅可以包包子，葱炒鸡蛋、香葱饼、酥葱、大葱海螺片也都很好吃。

葱含有蛋白质、碳水化合物、多种维生素及矿物质，对人体有很大益处。

我是山东人，
大葱蘸酱吃
真爽！

捣出蒜泥，放
置半小时，再
加醋和酱油。
磷
脂肪
纤维素
蛋白质
维生素
蒜制品及其营养

蒜主要是用来调味的。人们吃饺子都喜欢蘸蒜泥吃，吃烧烤也喜欢就着蒜瓣。蒜还可用来做糖醋蒜，很受人们欢迎。

大蒜有很高的营养价值，含有蛋白质、脂肪、纤维素、矿物质、维生素、碳水化合物等物质。

西生菜·香菜·莜麦菜

西生菜，因从西方引进，所以得名西生菜。西生菜上市时正处于蔬菜缺少的季节，所以很受人们的青睐。

香菜又叫芫荽、胡荽、香荽等，常作为作料，在羊肉汤等菜品中添加，深受人们的喜爱。

莜麦菜又叫油麦菜，叶片呈长披针形，色泽淡绿、质地脆嫩，口感极为鲜嫩、清香，具有独特风味。

西生菜这么圆，可不可以当球踢呀？

西生菜的种植

西生菜全年都可以种植，一般以春、秋为主，在我国北方，冬天则在温室内进行种植。西生菜需催芽后播种。当长出 5 ~ 6 片真叶时移栽，距离一般是 30 厘米，后期管理不能缺水。西生菜也可以采用无土栽培，利用孔穴盘进行。当西生菜植株长到大而未老化时，便可适时采收。

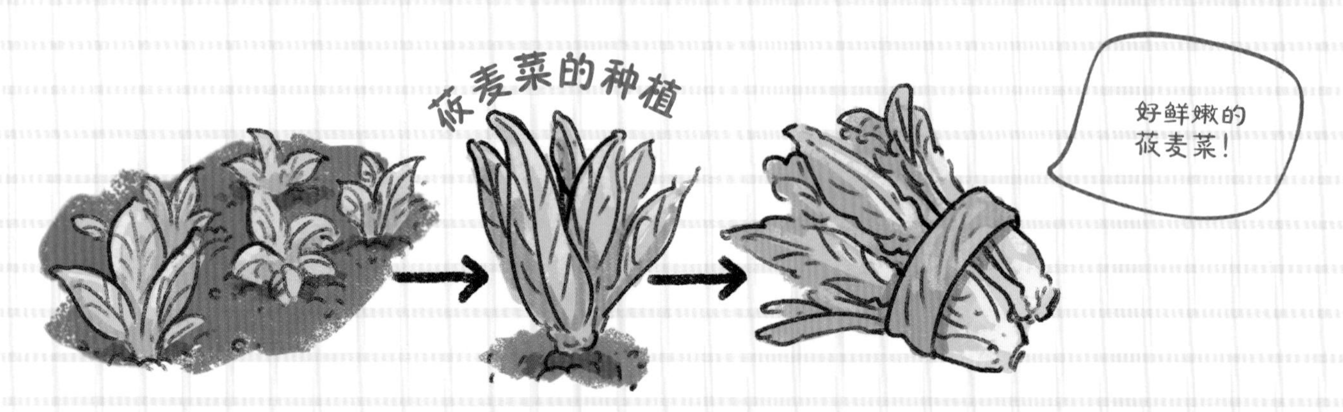

莜麦菜四季都可种植。在我国北方冬季，莜麦菜宜在温室内种植，而夏季高温时播种需要催芽。催芽时将种子浸泡于水中 5 ~ 6 小时，稍晾干后用湿布包好，放在阴凉处催芽，待约有 3/4 种子露白时播种。将种子播撒于浇透水的土面，覆土 0.5 ~ 1 厘米，保持土壤湿润，约 1 周发芽。

香菜的种植

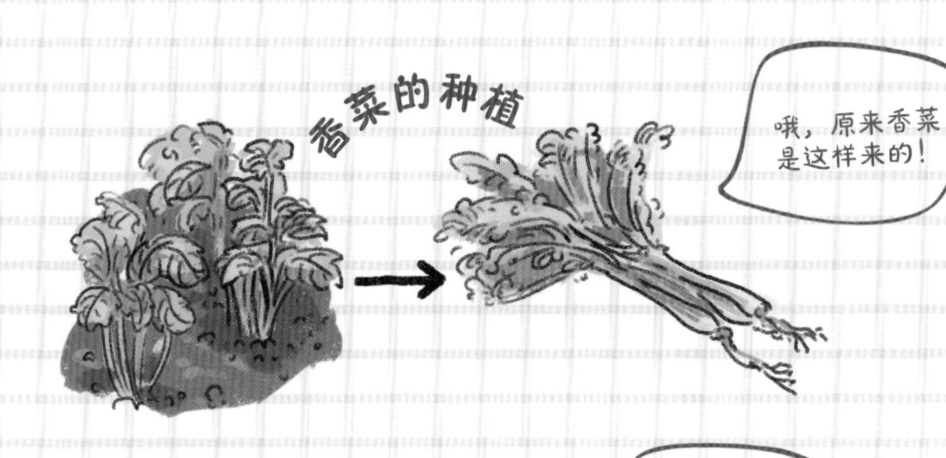

哦，原来香菜是这样来的！

香菜一般在每年的9～10月种植，过冬前浇灌一次。香菜也可以在大棚种植，等长到10厘米时，便进入旺盛生长期，可以采摘上餐桌了。

西生菜食品及其营养

来点儿西生菜吃吃！

西生菜鲜吃可做生菜沙拉，或煮汤、煮菜吃，还可以做包子馅、白灼生菜等。

西生菜被誉为“蔬菜皇后”，富含各种维生素和微量元素。

香菜食品及其营养

香菜可以素炒，可以炒肉丝，还可以作为作料用。

香菜营养丰富，含维生素C、维生素B_1、维生素B_2、胡萝卜素等，还含有丰富的矿物质，如钙、铁、磷、镁等。香菜中的挥发油能去除肉类的腥膻味，如羊肉汤加些香菜，即能起到去腥膻、增加风味的作用。

莜麦菜食品及其营养

莜麦菜以生食为主，可以凉拌，也可蘸各种调料。熟食可炒食或做汤，可涮食，味道独特。蒜蓉莜麦菜、豆豉鲮鱼莜麦菜等，烹饪时间宜短不宜长。烹制好的莜麦菜吃起来嫩脆爽口，很受人们欢迎。

莜麦菜是生食蔬菜中的上品，有“凤尾”之称。富含膳食纤维、胡萝卜素、维生素B_2和维生素C，同时含有大量钙、铁等矿物质。

茄子·芹菜

茄子是一年生草本植物，因可大棚种植，所以是一年四季的常备菜。

芹菜是我国人民喜食的蔬菜品种之一，餐桌上经常出现它的身影。

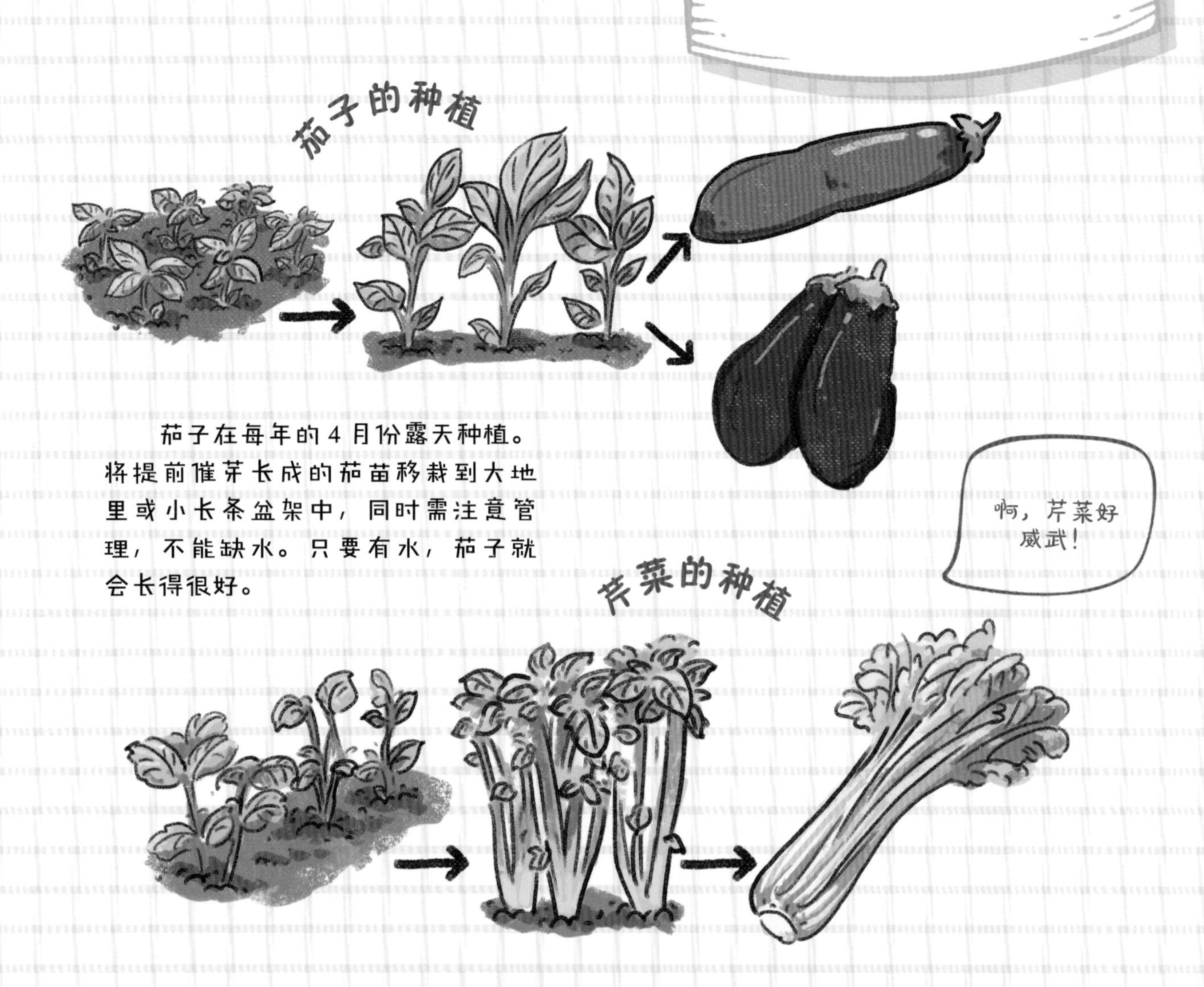

茄子在每年的 4 月份露天种植。将提前催芽长成的茄苗移栽到大地里或小长条盆架中，同时需注意管理，不能缺水。只要有水，茄子就会长得很好。

芹菜一年四季都可以种植，一般是以春播和秋播为主。将选好的种子提前在温水中浸泡，搅拌搓洗种子，搓掉表皮，摊开晾种。在浇透水的土壤中均匀撒上种子，覆盖薄土，盖上稻草或蛇皮袋保持湿度，10 天左右种子就能发芽了。当芹菜苗长出 5 ~ 7 片真叶时，就可以间苗移栽了。

茄子可以做成素炒茄子、猪肉炒茄子，也可以做油炸茄盒，或者跟面粉混合做茄饼。

茄子含有蛋白质、脂肪、碳水化合物、维生素以及钙、磷、铁等多种营养成分，特别是维生素P的含量很高。维生素P能增强人体细胞间的黏着力，改善血管脆性，防止小血管出血。

芹菜的营养

胡萝卜素
钾
维生素
钙
蛋白质

芹菜营养比较丰富，含有蛋白质、脂肪、碳水化合物、维生素、膳食纤维、胡萝卜素，以及钙、钾、钠、镁、锌、铜等营养成分。

芹菜食品

芹菜一般可用来素炒、蒜拌芹菜，也可以做猪肉炒芹菜、芹菜炒粉、芹菜叶鸡蛋饼、青椒豆干芹菜等，或者用芹菜做饺子馅、包子馅。

芹菜、鸡蛋、木耳混炒

芹菜炒肉

芹菜炒豆腐皮

黄瓜·南瓜·冬瓜

黄瓜既可生吃，又可做熟吃，是一年中常见的蔬菜。

南瓜是一种季节性蔬菜，很多人喜欢吃。

冬瓜也是餐桌上常见的瓜蔬。养生的人，都想吃它！

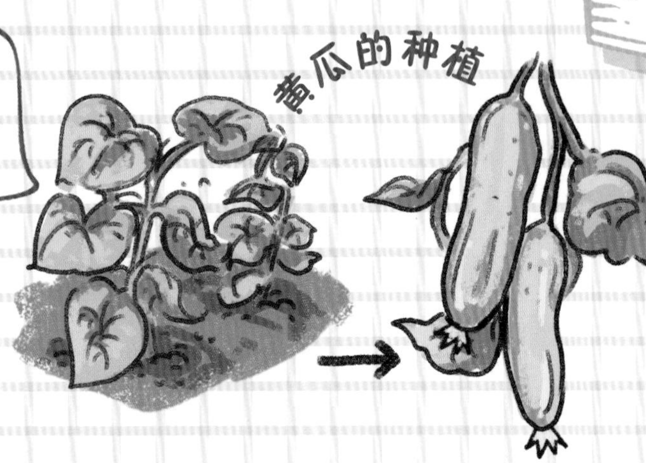

啊哦！摘黄瓜的时候小心被上面的小刺扎到手哟！
黄瓜的种植

黄瓜是一年生蔓生或攀援草本植物，可用南瓜苗做砧木，和黄瓜苗进行嫁接。若嫁接，非市面流通首先用种子育苗，南瓜幼苗第1片真叶至硬币大小时为嫁接适期。一般家庭是直接点种种植，不嫁接。

南瓜是一年生蔓生草本植物。每穴2～3粒种子，种子尖部朝下，覆土2～3厘米，浇透水，25～30℃条件下，约1～2周发芽。需做好田间管理，不能缺水，一般3～5片叶时留一棵苗。

南瓜的种植
啊！世界上最大的南瓜重达953千克呢！

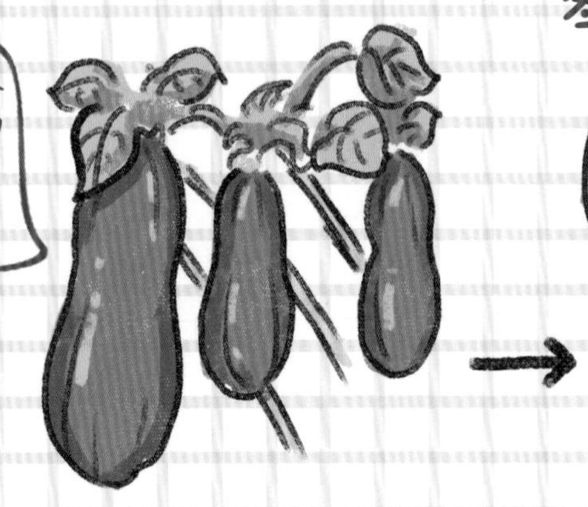

信不信由你，世界上最大的冬瓜需四个壮汉才能搬动，重达223.9千克！
冬瓜的种植

冬瓜属一年生蔓生或架生草本植物。一般春季种植比较好，先育苗，再移栽，不能缺水，需要施肥。

黄瓜食品及其营养

凉拌黄瓜
是我的最爱!

酱腌小黄瓜

黄瓜，洗净可以生吃，也可以做凉拌菜，可以做炒菜如黄瓜炒肉，还可以腌渍等。

黄瓜含98%的水分，含有蛋白质、碳水化合物、维生素B_2、维生素C、维生素E、胡萝卜素、烟酸、钙、磷、铁等营养成分。

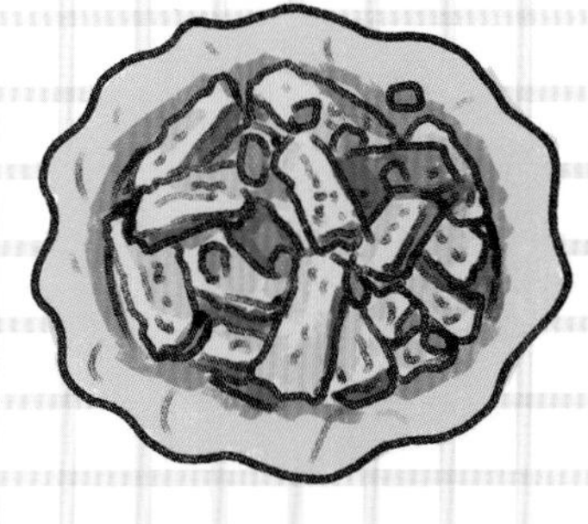

拍黄瓜

黄瓜肉丁

南瓜饼，
好看也好吃!

南瓜食品及其营养

南瓜需要加工做熟吃，如南瓜烘蛋、南瓜鸡肉饭、清炒南瓜、咸蛋黄焗南瓜、南瓜玫瑰花馒头、咸香南瓜饮等，还可以做香甜的南瓜饼和可口的南瓜羹。南瓜子还可以炒熟吃。

南瓜含有丰富的碳水化合物、脂肪、蛋白质、纤维素、果胶等，具有很高的营养价值。

冬瓜食品及其营养

我身体超重，
我要吃冬瓜啦!

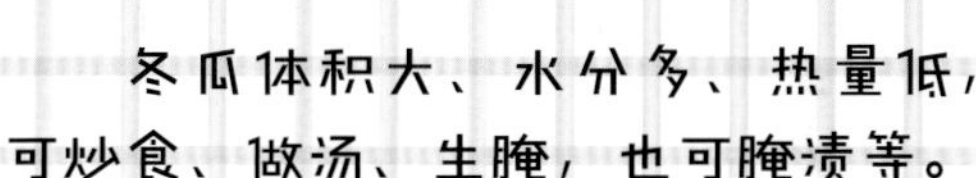

冬瓜体积大、水分多、热量低，可炒食、做汤、生腌，也可腌渍等。

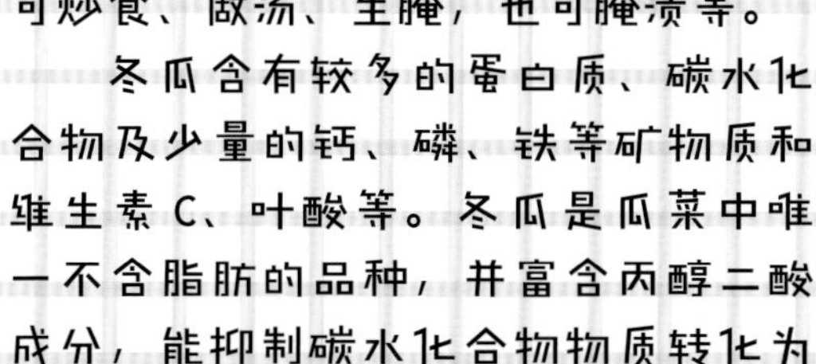

冬瓜含有较多的蛋白质、碳水化合物及少量的钙、磷、铁等矿物质和维生素C、叶酸等。冬瓜是瓜菜中唯一不含脂肪的品种，并富含丙醇二酸成分，能抑制碳水化合物物质转化为脂肪成分，又因有较强的利尿作用，所以有一定的减肥效果。

苹果·梨·桃子

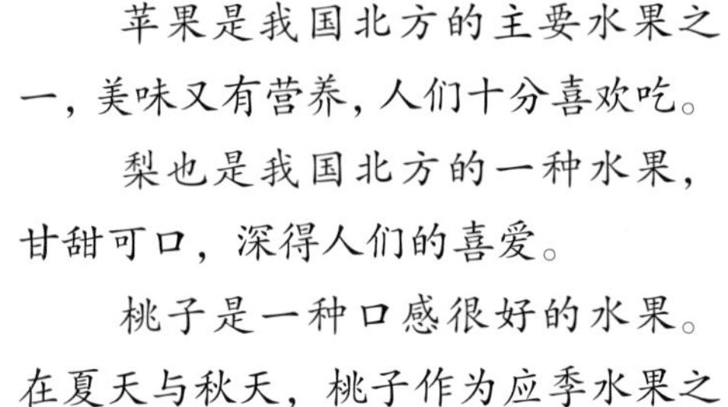

苹果是我国北方的主要水果之一，美味又有营养，人们十分喜欢吃。

梨也是我国北方的一种水果，甘甜可口，深得人们的喜爱。

桃子是一种口感很好的水果。在夏天与秋天，桃子作为应季水果之一，深受人们的喜爱。

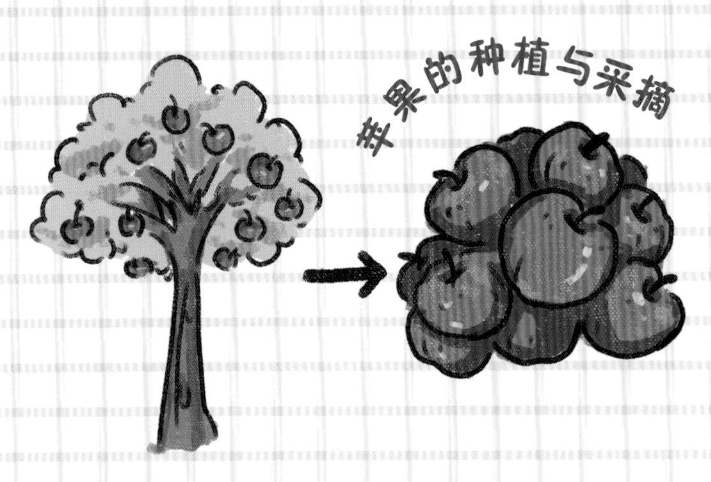

谢谢，苹果都祝我生日快乐啦！

苹果是落叶乔木，一般是以种子育苗，或用嫁接的方法繁殖。一般苹果栽种后，2～3年才开始结出果实。4—5月份开花，随后结果。为了保证苹果质量，还可以在果实外面套袋。大部分苹果秋天成熟，有些品种在夏季就可以成熟。

我喜欢梨的甘甜！

梨的种植与采摘

梨是落叶乔木，一般用树苗或嫁接的方法繁殖，2—3月份开花。结果15～40天可以套袋。早熟品种夏天采摘，其他品种一般在秋天采摘。

桃子，你好美丽！

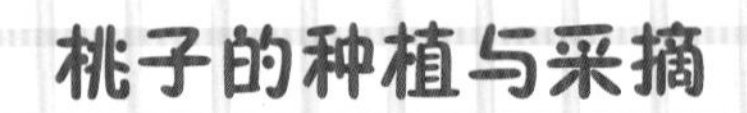

桃子是落叶小乔木，一般是用树苗或嫁接的方法繁殖。3—4月份开花，结果也可以套袋。成熟早的夏天收获，成熟晚的在秋天上市。

苹果食品及其营养

苹果醋
苹果醋

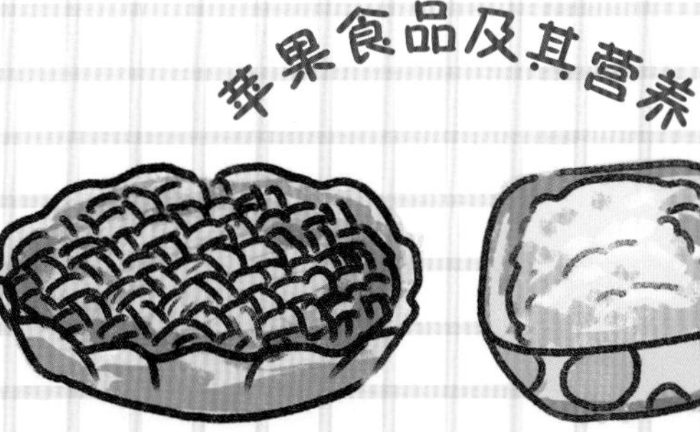
苹果派

苹果酱

苹果酱，
我的最爱！

维生素
苹果酸
鞣酸
糖分

苹果的主要食用方法是直接食用，还可以加工成苹果脯、苹果罐头、苹果干、苹果汁、苹果派、苹果鸡蛋软饼等食品。

苹果中含有大量的糖分，还有苹果酸、鞣酸等多种有机酸，以及膳食纤维、多种维生素。多种有机酸和碳水化合物混合在一起，在吃的时候会给人一种酸甜的口感，青苹果的植物酸含量会更高一些。

这个梨好大个，
还是你吃了吧，
我忽然想起了
“孔融让梨”
的故事！

梨食品及其营养

梨一般可以鲜食，或加工成梨罐头、梨脯、梨汁等食品。

梨味酸甜，含有鞣酸、苹果酸、维生素 B_2、维生素 B_1、钾、纤维素等营养物质。

维生素
钾
纤维素
鞣酸
梨味酸

糖水梨罐头

梨脯

桃子食品及其营养

桃子除鲜食外，还可加工成桃脯、桃酱、桃汁、桃干和桃罐头等。

桃的果肉中富含蛋白质、脂肪、碳水化合物、钙、磷、铁和B族维生素、维生素C等成分，有养阴生津、补气润肺的保健作用。

哈哈，我要吃
桃子蛋糕，多
漂亮啊！

桃子蛋糕

脂肪
钙
维生素
蛋白质
铁

西红柿·柿子

西红柿也叫番茄、洋柿子，是一年生草本植物。它既可做菜吃，又能当水果吃。

柿子是一种落叶乔木结的果子，秋季上市，真正成熟后甜度增加。软软的、甜甜的柿子让人好喜欢呀！

西红柿真是狼桃吗？听着怪吓人的！

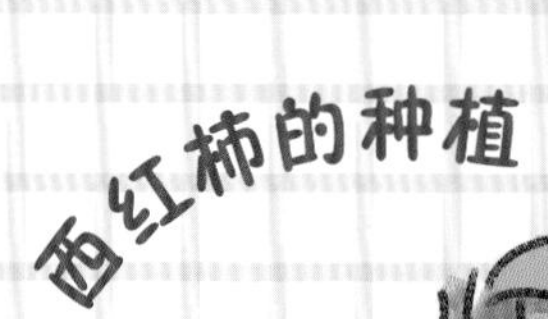

西红柿春季种植。一般是先催芽，在土壤里撒上种子后，盖土 0.8 ~ 1.0 厘米，要盖均匀。待种子萌发长出幼苗，长到一定高度后，可以移栽到大田间。需注意田间管理，及时浇水、施肥。待果实红彤彤时，就可以采摘了。

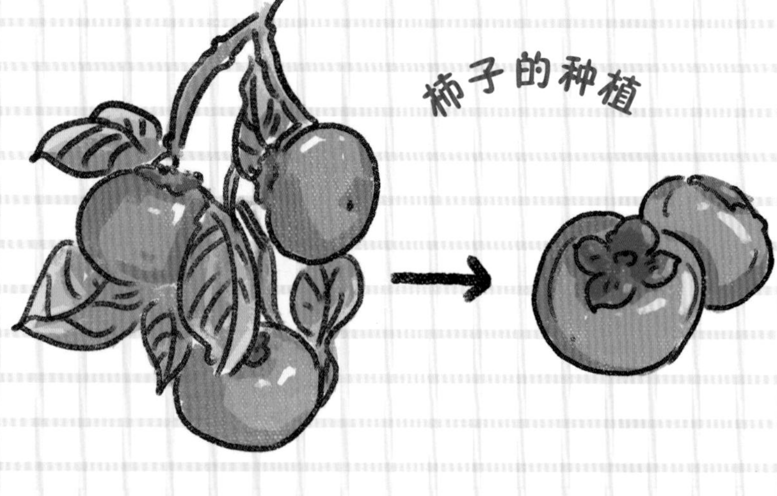

柿子树一般采用嫁接的方法繁殖，因其根长，移栽不易成活。花期 5—6 月，果熟期 9—10 月。果实形状多样，有球形、扁圆形、方形、近似锥形等，不同的品种颜色从浅橘黄色到深橘红色不等，重量从 100 克到 350 克不等。

西红柿炒鸡蛋

番茄沙拉

西红柿食品

西红柿营养丰富，具有特殊风味。可以生食、煮食，还可加工制成番茄酱、番茄汁或整果罐藏。

西红柿的营养

西红柿含有蛋白质、脂肪、碳水化合物、叶酸、膳食纤维、B族维生素、维生素A、维生素C、维生素E、胡萝卜素以及钙、磷、钾、锌等。

碳水化合物

钙

维生素

蛋白质

磷

柿子食品

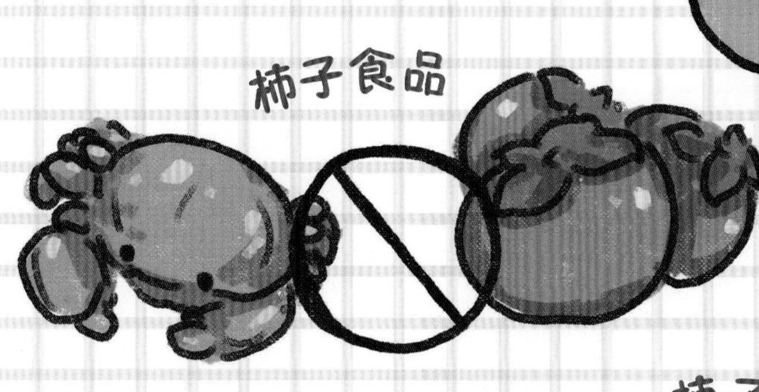

柿子的营养

有些柿子有涩味，在吃前要催熟。有一个简单的方法是，把几个要吃的涩柿子放到塑料兜里，再放上2～3个成熟的苹果或几根成熟的香蕉。几天后，涩柿子就会被催熟。柿子可以生吃，也可以加工成柿子饼等食用。

吃柿子，有忌讳：不宜空腹吃柿子，也不能与鹅肉、螃蟹、番薯、鸡蛋同时食用。

柿子含有碳水化合物、蛋白质、脂肪、粗纤维，以及多种微量元素和维生素。

甜瓜·西瓜·哈密瓜

甜瓜又称香瓜，脆生生，甜丝丝，咬一口，“甜掉牙”！

西瓜是我们夏季消暑的最佳水果，口渴了，咬一口流水的西瓜真过瘾！

哈密瓜是一个优良甜瓜品种，果型呈圆形或卵圆形，味甜，果实大，以哈密所产最为著名，所以称为哈密瓜。

甜瓜真甜，吃了还想吃！

甜瓜的种植

甜瓜是一年生匍匐或攀援草本植物。用干种子或催芽后的种子直播或出芽后移栽。早熟栽培可采用塑料薄膜覆盖，3～5片真叶时定植。需注意田间管理，及时浇水或施肥。

我要在花盆里栽上一棵西瓜，既好看，又有西瓜吃！

西瓜的种植

西瓜为一年生蔓生藤本植物。先将种子用水浸泡3～4小时，然后播种到浇透水的土壤里，盖上干土，不要马上浇水，免得土壤板结，西瓜苗难以钻出地面。西瓜出苗后，移到田间，需注意浇水、施肥。

哈密瓜我爱你，就像老鼠爱大米！

哈密瓜的种植

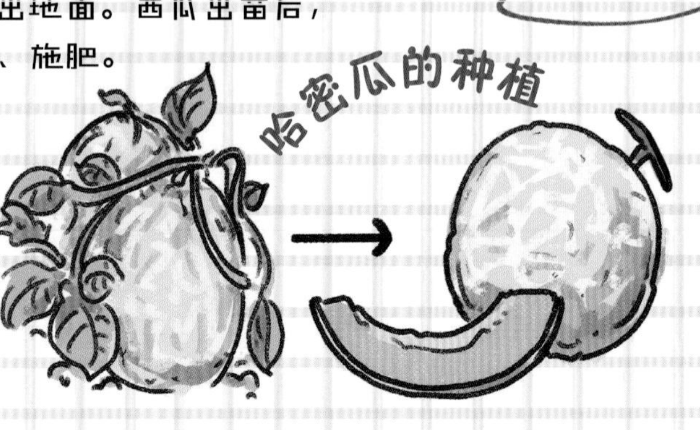

将哈密瓜种子用清水洗两三次，可在4月20日前后播种，用薄膜覆盖。播种期也可延迟到5月20日左右。一般播种深度为3～4厘米。每穴播2～3粒种子，5～7天即可出苗。4～5片真叶时定苗，每穴留1株健苗。后期需注意浇水、施肥。

甜瓜主要食用方式为生吃，甘甜可口，此外还可以制成甜瓜干、瓜脯，榨成甜瓜汁，也可加工成瓜酒、瓜酱、腌甜瓜等。

甜瓜含有蛋白质、碳水化合物、胡萝卜素、维生素 B_1、维生素 B_2、烟酸、钙、磷、铁等营养物质。

哈密瓜食品及其营养

哈密瓜主要生食，还可以制作哈密瓜干、哈密瓜汁等。

哈密瓜香甜，营养价值丰富，含有4.6% ~ 15.8%的糖分，2.6% ~ 6.7%的纤维素，还含有苹果酸、果胶物质、维生素A、B族维生素、维生素C、烟酸，以及钙、磷、铁等元素。

西瓜主要食用方法为生吃，还可以榨成西瓜汁，或者拌糖食用，是解暑解渴的佳品。

西瓜中含大量葡萄糖、苹果酸、果糖、蛋白氨基酸、番茄素及维生素C等营养物质，是高营养食物。

草莓·葡萄·无花果

草莓是多年生草本植物，是春天成熟很早的一种水果。红红的草莓酸甜可口，深得人们的喜爱。

葡萄品种众多，酸甜可口，是调节口味的佳果。

无花果，因看上去无花而得名，其实它是有花的，只是花开在内部。无花果甘甜可口，营养价值高。

红红的草莓
我爱你!

草莓的种植

草莓一般以种子种植或草莓苗繁殖。在家庭里可以将草莓苗移栽到花盆里，既可点缀生活，又有果实收获，一举两得！

草莓苗从开花、坐果到浆果着色、软化、释放特有香味，大约需要 30 天，之后就可以等着长出来享用了。

葡萄的种植

葡萄是多年生木质藤本植物。用扦插的方法进行繁殖。一般把葡萄枝条剪成 20 厘米长，保留 2 ~ 3 个芽，一端插入土中，地上部分只留 1 ~ 2 个芽。还可以进行压条或嫁接繁殖。葡萄一般在秋天成熟。

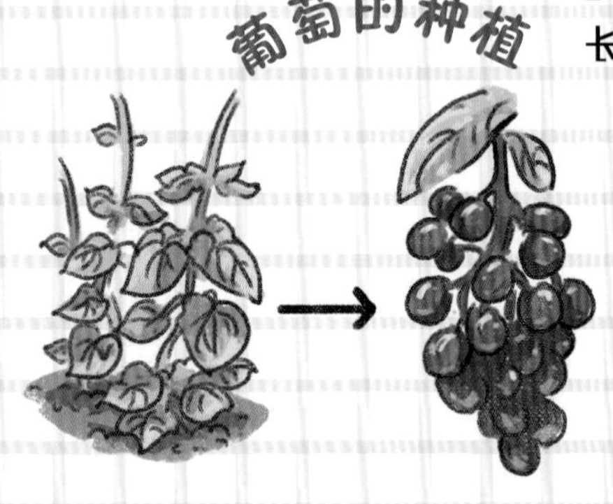

看到葡萄，
我忽然想到了
狐狸说葡萄
是酸的！

无花果的种植

无花果是一种开花落叶小乔木。用扦插、分株、压条等方法繁殖都可以，但以扦插繁殖为主。

无花果大部分品种分夏、秋两季结果，果实在 6—11 月陆续成熟。

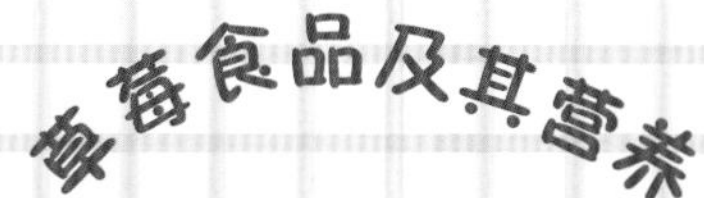

草莓蛋糕

草莓酱

面包蘸着草莓酱很好吃！

草莓鲜果可以直接吃，酸甜爽口，也可以用草莓、冰糖、蜂蜜等食材制作草莓酱，还可以制作成草莓罐头、草莓蛋糕、草莓牛奶等。

草莓因营养丰富，含有氨基酸以及钙、磷、铁等营养物质，所以有“水果皇后”的美誉。它所含有的果胶、膳食纤维可以促进肠胃消化，润肠通便。其含有的大量维生素 C 可以提高机体免疫力。

葡萄食品及其营养

我要带些葡萄干去上学！

葡萄干

葡萄罐头

葡萄可以鲜吃，可以冷藏保鲜以便以后再吃，可以酿造葡萄酒，还可以加工成葡萄罐头、葡萄干等食品。

葡萄含有丰富的营养，除蛋白质、碳水化合物、粗纤维、钙、磷、铁等营养物质外，还含有胡萝卜素、维生素 B_1、维生素 B_2、维生素 C、维生素 P 和人体所必需的十多种氨基酸以及大量果酸。常吃葡萄对神经衰弱和过度疲劳的人有补益的作用。

无花果很好吃嘛！

无花果百合莲子糖水

无花果干

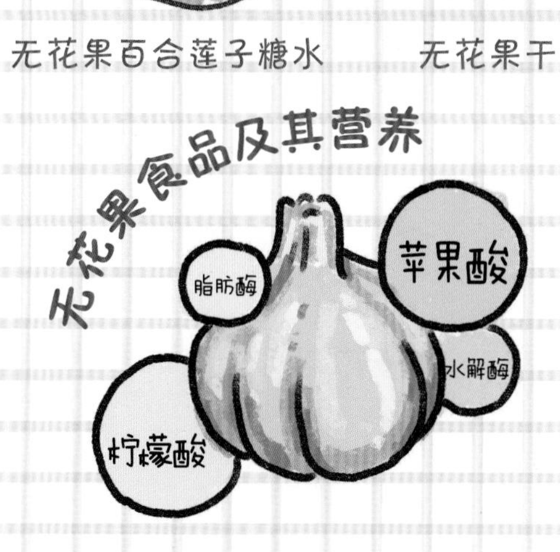

无花果鲜吃甘甜可口，也可以晒干吃，做成罐头、无花果茶等，还可以酿酒。

无花果含有苹果酸、柠檬酸、脂肪酶、蛋白酶、水解酶等，有助于人体消化，促进食欲，又因其含有多种脂类，所以具有润肠通便的效果。夏季可以多吃点儿无花果。

柑橘·橙子·柚子

柑橘是我国南方的主要水果之一，果皮呈淡黄色、朱红色或深红色，果肉酸甜，深得人们的喜爱。

橙子又叫香橙，果肉清甜带香，个头要比柑橘大。

柚子果肉酸甜可口又带香味，有“天然水果罐头”的美誉。

柑橘的种植

我爱吃柑橘！

柑橘一般以嫁接的方法繁殖。采摘时间比较长，可从本年年底持续到第二年的春天。

橙子一般采用嫁接的方法繁殖。因其枝长有粗长的刺，所以在果实成熟时，采果人应戴手套采摘，以免伤手，用圆头果剪将果实连同果柄一起剪下，再剪平果蒂，轻拿轻放。采摘也有技巧：按从外到内，从上到下的顺序采摘果实。

橙子的种植
橙子的个头比柑橘大呀！

柚子是大哥，橙子是二弟，柑橘是小弟哟！
柚子的种植

柚子一般用种子繁殖。先将种子浸泡然后放到土里，或覆盖一些腐木和鹅卵石进行填充，以便更好地排水或透气；再用土全面覆盖上，保证光照充足，但不能暴晒；待种子萌发，移栽后就会长成果树。更换新品种可以用嫁接的方法。大多在10—11月份采摘。

柑橘食品及其营养
橘子汁
橘子罐头

柑橘吃多了皮肤会不会发黄呢？

柑橘一般鲜吃，也可以制成罐头食品，或榨取果汁等。

柑橘中含有蛋白质、脂肪、碳水化合物、粗纤维、胡萝卜素、维生素 B_1、维生素 B_2、维生素 C、烟酸、橘皮苷、柠檬酸、苹果酸以及钙、磷、铁等。

橙子食品及其营养
橙子汁

怎么区分柑橘和橙子呢？

橙子一般是鲜吃，也可以榨汁喝，做橙子罐头，酿橙子酒。

橙子中含有有益人体的橙皮苷、柠檬酸、苹果酸、琥珀酸、碳水化合物、果胶和维生素 C 等。

柚子个头大，快来帮我分担点儿吧！
柚子食品及其营养
柚子茶

柚子可以鲜吃，榨汁喝，制成柚子罐头、柚子茶等。

柚子富含碳水化合物、橙皮苷、胡萝卜素、B 族维生素、维生素 C、挥发油、多种矿物质等营养物质。

如何区分柑橘、橙子和柚子

柑橘：果实较小，果皮薄而宽松，海绵层薄，容易剥离。
橙子：果实呈圆形或椭圆形，表皮光滑且较薄，不易剥离。
柚子：个头大，皮厚肉紧，很难掰开。

核桃·板栗·腰果

核桃又叫胡桃，人们常用于健脑的食品，深受人们喜爱。

板栗又叫栗子，糖炒栗子是大家非常喜欢吃的小零食。

腰果又名鸡腰果，是一种脆、香、甜的小食品。

没有去掉青皮的核桃跟杏子有点儿像！

核桃的种植

核桃是落叶乔木，一般以种子或嫁接繁殖。春季和秋季均为栽植核桃苗的好季节。我国北方地区核桃的成熟期多在9月中上旬，南方地区核桃的成熟期则相对早一些。

板栗的外皮像刺猬！小心扎手！

板栗可以用种子繁殖，在春天时播种，或直接购买板栗苗种植。树木生长比较缓慢，一般在7月可以收获果实。板栗的采摘有两种：拾栗法，即板栗自然成熟落地，捡拾起来；打栗法，即人工敲打，掉下后捡拾起来。

板栗的种植

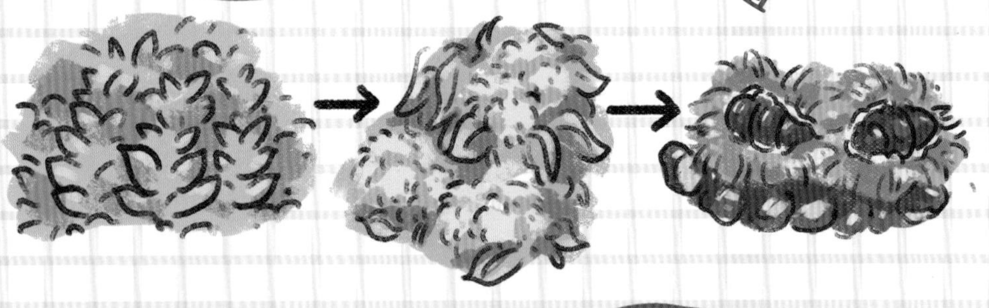

腰果的种植

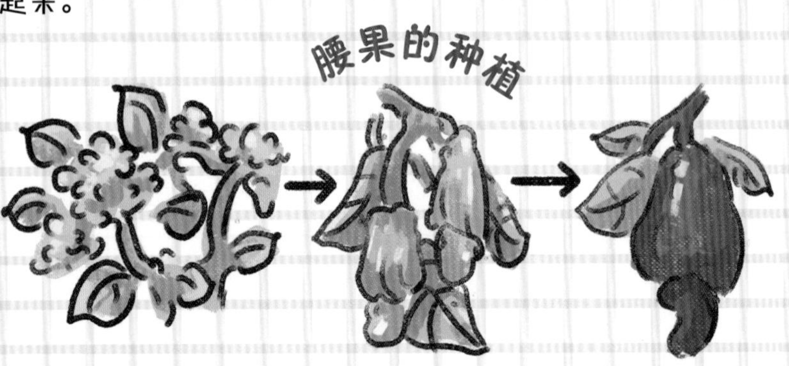

腰果的果实看起来古里古怪！

腰果一般用压条、插条、嫁接、组织培养等方法种殖。

核桃可以生吃、炒吃，也可以榨油，制作糕点、糖果等，不仅味美，营养价值也高。核桃被称为“万岁子”“长寿果”。

核桃含有丰富的营养素，每百克含蛋白质 15 ~ 20 克，脂肪较多，碳水化合物10克，并含有人体必需的铜、钙、镁、磷、铁等多种微量元素及胡萝卜素、维生素 B_2 等。

板栗生食、炒食皆宜。可磨粉，还可制成多种菜肴、糕点、罐头食品等，如糖炒板栗、板栗烧子鸡。

板栗营养丰富，维生素 C 含量比西红柿还要高。栗子中的矿物质也很全面，有钾、锌、铁等，虽然营养含量没有榛子高，但仍比苹果等普通水果高得多。

糖炒板栗

板栗烧子鸡

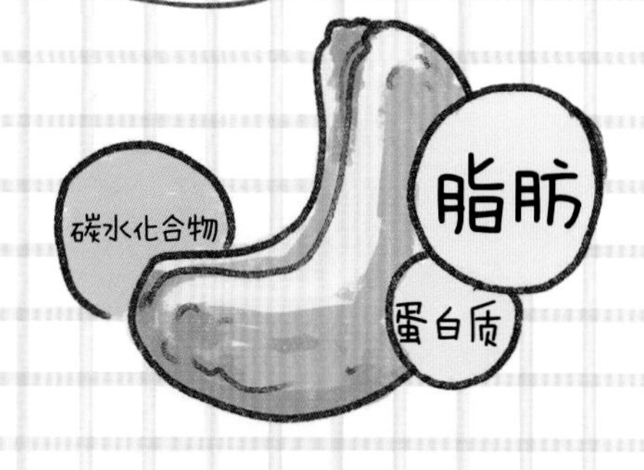

腰果可以生食或制果汁、果酱、蜜饯、罐头，也可以用来酿酒。炒食，味如花生，可甜制或咸制，也可用于加工糕点或糖果。腰果含油量较高，腰果油为上等食用油，多用于硬化巧克力糖。

腰果主要含有脂肪，其次是碳水化合物和蛋白质，还含有非常丰富的钙、铁、钾等元素。

猪肉·羊肉·牛肉

猪肉是我们食谱中肉类的主要来源之一。

羊肉是餐桌上的主要食物。羊肉串是很多人的最爱！

牛肉也是草原上生活的人的主食。现在大部分家庭的餐桌上也常出现牛肉。

猪是一种杂食性动物，常被圈养。由大型的养猪场饲养，也可由家庭饲养。猪一般是多胎，一次可以生几头到十几头小猪崽。小猪崽被饲养三四个月后，就会长大出栏，被宰杀。

羊为六畜之一，和牛一样，是一种会吃草、会反刍的动物。反刍，是动物将草吃进肚子一段时间后，再从胃里反回口腔里，继续咀嚼。我国主要饲养山羊和绵羊。

羊一般是单胎，小羊出生到断奶要3个月，从断奶到长成大羊差不多要5个月。所以一般小羊喂8个月的时间就可以出栏。

牛一般包括家牛、黄牛、水牛和牦牛等。牛一般是一胎，很少有两胎。小牛一般喂养到200千克以上、4～10个月，就可以出栏了。

猪食品及其营养

猪肉、猪皮、猪血、猪骨头、猪内脏等都是我们餐桌上的食品。猪肉可以用来炒菜，做成馅后包饺子、包子，做卤肉面等；猪骨头可以熬骨汤、做酱骨头；猪的胃、肠炒辣椒都很美味；还有炒猪肝、炒腰花、炖猪蹄、用猪皮打冻等，猪肉还可以做成罐头。

猪肉含有丰富的蛋白质及脂肪、钙、铁、磷等营养成分，能够改善缺铁性贫血。

白米饭加上猪肉，喷喷香！

炒猪大肠

猪耳朵

烤乳猪

羊食品及其营养

走，去吃羊肉串啊！

羊浑身是宝。羊肉、羊血、羊骨、羊肝等，都可以做成美味佳肴。羊排、羊肉汤等，都是人们喜欢吃的美味。

羊肉含有脂肪、蛋白质、碳水化合物、微量元素，还含有维生素 B_1、维生素 B_2 等营养物质。

烤羊肉串

烤羊排

羊肉卷

牛食品及其营养

我好馋牛排啊，真想全家人去大吃一顿！

牛排

牛肉、牛的内脏、牛筋经过加工都可以做成美味佳肴。例如，可以包饺子、包包子、做酱牛肉，还可以做牛蹄筋、牛肉罐头、牛排、牛肉干等。

牛肉富含蛋白质、脂肪、钙、磷、铁、维生素 B_6、维生素 B_{12}、烟酸等营养成分。

鸡肉·鸭肉·鹅肉

鸡肉，肉丝细腻，味道鲜美，北方人酒席上一般都有这道菜，有些地方还将鸡肉作为席间的主菜呢！

鸭肉，南方人吃得比较多，也有独到的风味，深得南方人的喜爱。

鹅肉，要比鸡肉和鸭肉鲜，肉质比较粗糙，南、北方人都喜欢吃。

小鸡，小鸡，叽叽叽！
养鸡

养鸡的人比较多，这是因为人们不仅要吃鸡肉，还要吃鸡蛋。

将鸡蛋放在一定的温度下孵化，鸡蛋就会孵化出小鸡。母鸡也可以孵化自己下的蛋。小鸡生长得很快，三四个月后，就长大了。

南方人养鸭更多，北方人养鸡更多。将鸭蛋放在适当的温度下，鸭蛋就可孵化出小鸭来，也可以由母鸭直接孵化。小鸭饲养 65 ~ 100 天后，就可以长大了。

小鸭毛茸茸的，挺可爱的！
养鸭

鹅，鹅，鹅，曲项向天歌。

养鹅

鹅，被认为是人类驯化的一种家禽。中国家鹅来源于鸿雁，欧洲家鹅则来源于灰雁。将鹅蛋在一定的温度下孵化，鹅蛋就可孵化出小鹅来，也可以由母鹅直接孵化。鹅可以吃草，还可以吃粮食。鹅养到 90 ~ 120 天，就可以长大了。

有关鸡的食品及其营养

荷包蛋

烤鸡翅

炖鸡汤

有关鸡的食品包括鸡肉和鸡蛋。鸡肉可以做成很多佳肴，如鸡肉炖粉条、辣子鸡、鸡汤、烤鸡翅、烤鸡腿等，还可做成烧鸡、鸡罐头。鸡蛋可以煮着吃、炒着吃，也可以做鸡蛋灌饼等相关的食品。

鸡肉营养十分丰富，含有蛋白质、脂肪、维生素 C、维生素 E、烟酸、胆固醇以及钙、磷、铁等多种营养成分。其蛋白质的含量较高，很容易被人体消化、吸收。

有关鸭的食品及其营养

有关鸭的食品包括鸭肉和鸭蛋。鸭肉可以加工成很多食品，如炖鸭、烤鸭、烤鸭翅、烤鸭腿、烤鸭头等，还可以制成鸭罐头。鸭蛋可以煮着吃，也可以炒着吃。

鸭肉含有蛋白质、脂肪、烟酸、胆固醇、B 族维生素、维生素 E、钙、磷、钾、铁等营养物质。

咸鸭蛋

烤鸭

烤鸭腿

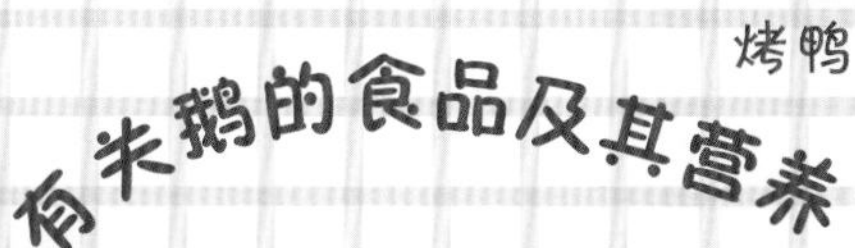

有关鹅的食品及其营养

我要用鹅蛋撞爸爸的鸡蛋，看看谁能赢！

烤鹅

鹅肉和鹅蛋是营养很丰富的食品。鹅肉可以炖土豆吃，炖汤，制成罐头等。鹅蛋可以煮着吃，也可以炒着吃。

鹅肉含蛋白质、钙、磷、钾、钠等。其中，蛋白质的含量很高，脂肪含量低，不饱和脂肪酸含量高，对人体健康十分有利。

羊奶·牛奶

现在很多人都在喝羊奶，因为其含有丰富的营养，所以深得人们的喜爱。

牛奶跟羊奶一样，因营养丰富，也是很多人每天必备的饮品。

采集羊奶
机械设备挤奶好气派呀！

羊奶是母羊的乳汁。当羊产奶后，就要挤出羊奶。大型养羊场需要用机械化设备采集羊奶；私人养的羊，可以用人工采集羊奶，采集之前要将羊的乳头清洗一下再挤压。

哦，原来挤牛奶是这样的！
采集牛奶

牛奶是母牛的奶汁。当母牛的乳腺充盈有大量的奶时，就可以进行采集。大型养牛场采用采奶机械设备进行采集。采集前要对乳头进行清洗或擦拭，再进行挤压。私人养的牛数量少，可以人工采集。

羊奶及其制品
羊奶营养丰富，我爱喝！
羊奶片
羊乳大饼

羊奶

羊奶片

鲜羊奶，加热后可以直接饮用，还可以制成奶片以及许多奶制品。

羊奶营养

羊奶含有蛋白质、脂肪、维生素、钙、磷、铁、钾等成分。

羊奶以其营养丰富、易于吸收的特点被视为奶品中的精品，被称作“奶中之王”，是世界上公认的最接近人奶的乳品。羊奶比牛奶的酪蛋白含量低，但乳清蛋白含量高，与人奶接近。

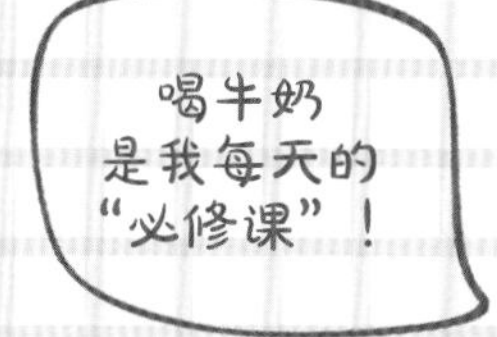
喝牛奶
是我每天的
“必修课”！

牛奶食品
纯牛奶
奶粉
奶片

纯牛奶

奶粉

鲜牛奶，加热后可以直接喝，还可以通过加工将水分蒸发制成奶粉、牛奶片等奶制品。

牛奶的营养

牛奶含有蛋白质、脂肪、维生素以及微量元素，含有促进脑细胞发育和增长的卵磷脂，尤其适于孩子喝，对其身体很有好处。

海水鱼·淡水鱼

海水鱼是生活在海水中的鱼类，沿海居民大都喜欢吃海水鱼。

淡水鱼是生活在淡水中的鱼类，距离海岸远的居民会觉得淡水鱼更有滋味。

了解海水鱼
海水鱼味道鲜美，我爱吃！

在海中生活的鱼类至少有 21000 多种。鱼类大小不一，形态各异。有的体形比较大，如大白鲨、巨齿鲨、鲸鲨等；有的体形中等，如金枪鱼、旗鱼、剑鱼等；还有的身体不是太大，如刀鱼、鲅鱼、黄花鱼、比目鱼等；还有的更小，如海鲫鱼、蝴蝶鱼等。

淡水鱼味道鲜美，真好吃！
了解淡水鱼

世界上的淡水鱼有 8400 多种。中华鲟就是我国常见的淡水鱼之一，我国的“四大家鱼”有青鱼、草鱼、鲢鱼、鳙鱼。大家常吃的其他鱼类还有鲤鱼、鲫鱼、鮰鱼、河鳗、松江鲈鱼等。

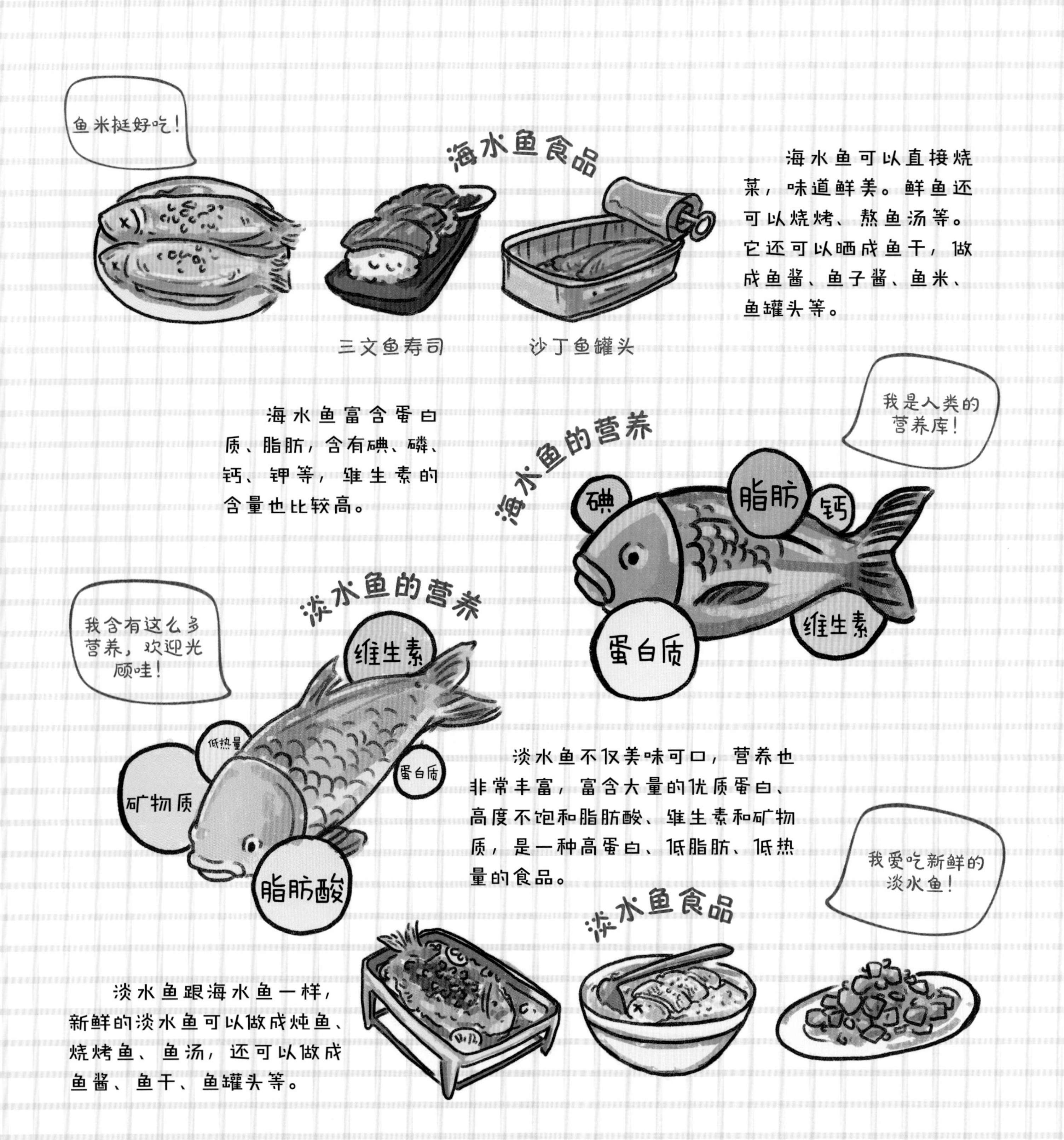
鱼米挺好吃！
海水鱼食品
海水鱼可以直接烧菜，味道鲜美。鲜鱼还可以烧烤、熬鱼汤等。它还可以晒成鱼干，做成鱼酱、鱼子酱、鱼米、鱼罐头等。
三文鱼寿司
沙丁鱼罐头
海水鱼富含蛋白质、脂肪，含有碘、磷、钙、钾等，维生素的含量也比较高。
海水鱼的营养
我是人类的营养库！
碘
脂肪
钙
蛋白质
维生素
淡水鱼的营养
我含有这么多营养，欢迎光顾哇！
维生素
低热量
蛋白质
矿物质
脂肪酸
淡水鱼不仅美味可口，营养也非常丰富，富含大量的优质蛋白、高度不饱和脂肪酸、维生素和矿物质，是一种高蛋白、低脂肪、低热量的食品。
我爱吃新鲜的淡水鱼！
淡水鱼食品
淡水鱼跟海水鱼一样，新鲜的淡水鱼可以做成炖鱼、烧烤鱼、鱼汤，还可以做成鱼酱、鱼干、鱼罐头等。

虾·蟹

虾，海水中和淡水中都有，种类较多，很多人都喜欢吃虾。

蟹，海水中淡水中都有它们的踪影，也是大家餐桌上常见的美食。

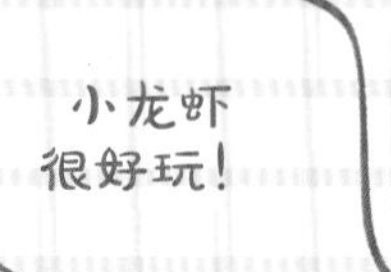

虾是一种生活在水中的长身动物，种类很多，包括青虾、河虾、草虾、小龙虾、对虾、明虾、基围虾、琵琶虾、龙虾等。

蟹的种类很多，如中华绒螯蟹（又叫河蟹、大闸蟹）、梭子蟹、蓝花蟹、面包蟹等。

梭子蟹夹人可了不得!

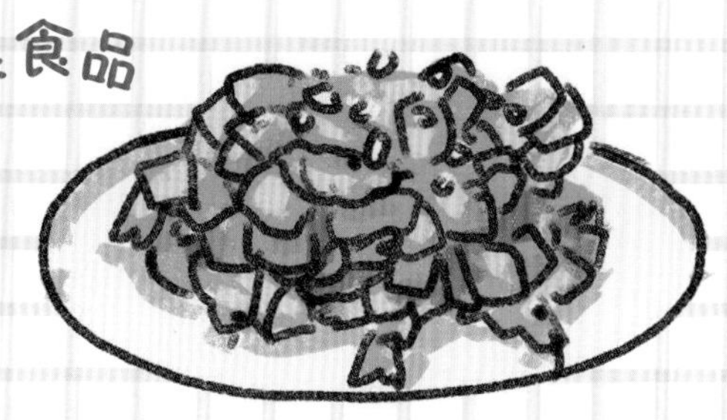

新鲜的虾，味道特别鲜美，可以煮熟吃、做馅儿包饺子、生淹吃，还可以炸着吃、烤着吃、熬汤喝、晒虾米等。

虾的营养价值很高，是高蛋白、低脂肪的营养佳品。虾含有磷、钙、铁、维生素等多种营养成分。

蟹肉中含大量优质蛋白质、铁元素，还有一些人体必需的营养素如维生素、胆固醇、钙、镁、硒等，是滋补身体的佳品。

蟹一般都煮着吃，也可以蒸着吃，还能做成醉蟹或蟹黄酱等。

蛤·鱿鱼·乌贼·章鱼

蛤，种类很多，味道很鲜美，大家都喜欢吃。

鱿鱼、乌贼、章鱼被称为“头足类”三兄弟，身体柔软，味道鲜美。烤鱿鱼大家或许记忆犹新！

海蛤种类这样多，你都吃过吗？

了解蛤

蛤一般指具有两片相同的壳的双壳类软体动物。已知蛤有12000多种，其中约500种栖于淡水，其余都是海产。双壳类通常栖于砂质或泥质的水底。

鱿鱼也称柔鱼。鱿鱼虽然被称为鱼，但它并不是鱼，而是软体动物。

鱿鱼生活在海洋中，身体分为头部、很短的颈部和躯干部。它的身体细长，呈长锥形，前端有吸盘。鱿鱼主要以磷虾、沙丁鱼、银汉鱼、小公鱼等为食。

了解鱿鱼

鱿鱼看上去好威武哇！

乌贼是小偷吗？是不是要离它远一点儿呀！

了解乌贼

乌贼又叫墨鱼，也是软体动物。乌贼身体可分为头、足和躯干三个部分。乌贼的食物主要是螃蟹、鱼、贝类。乌贼约有350种，有针乌贼、金乌贼、火焰乌贼、荧光乌贼、大王乌贼等，其中最小的是雏乌贼。

了解章鱼

章鱼长得
怪吓人的！

章鱼不是鱼，而是海洋中的软体动物。它们的大小相差极大。章鱼不仅可连续六次向外喷射“墨汁”，而且还能像变色龙一样改变自身的颜色。章鱼主要以虾、蟹、贝类为食。

蛤食品及其营养

辣椒炒海蛤吃着
味道不错！

蛤一般煮着吃、蒸着吃、炒着吃等，其肉也可以凉拌。或者将肉晒干。

蛤肉营养丰富，富含蛋白质、脂肪、碳水化合物，以及碘、钙、磷、铁等多种矿物质和维生素。

鱿鱼、乌贼和章鱼食品及其营养

鱿鱼，肉质细嫩，干制品称“鱿鱼干”。鱿鱼的做法很多，可以做辣椒炒鱿鱼、铁板鱿鱼，味道鲜美。

乌贼，可以跟韭菜炒着吃，可以涮火锅，也可以晒乌贼干。

章鱼，同鱿鱼和乌贼一样，都可以跟辣椒、韭菜炒，制成章鱼干等。

鱿鱼、乌贼和章鱼在营养成分方面基本相同，都富含蛋白质，并含有钙、磷、铁、钾等微量元素。

我要吃铁板
鱿鱼！味道
美极了！